Sophia Kimmig

LEBENDIGE NACHT

Vom verborgenen Leben der Tiere

Hanser

1. Auflage 2023

ISBN 978-3-446-27611-6
© 2023 Carl Hanser Verlag GmbH & Co. KG, München
Illustrationen: Sophia Kimmig
Umschlag: Anzinger & Rasp, München
Motive: © fergregory (Glühwürmchen), © manuel (Eule),
© Alexey Protasov (Motten), © omar jabri/EyeEm (Fuchs),
© Marc Scharping (Waschbären), © moodboard (Maus) / Adobe Stock
Satz: Sandra Hacke, Dachau
Druck und Bindung: CPI books GmbH, Leck
Printed in Germany

Für meinen Vater
In liebevollem Gedenken

INHALT

Schattengestalten
Gesprenkeltes Grau
Silbriges Weiß
Schimmerndes Blau

Leuchtende Pilze
Glühwürmchen-Funkeln
Mondlichtblumen
Augen im Dunkeln

Nächtliche Weber
Geflechte aus Sternen
Venus und Mars
Endlose Fernen

Sternenbilder
Kometengruppen
Mondstrahlenkranz
Spielende Schnuppen

Marsha Diane Arnold,
Licht aus, sagte der Fuchs

PROLOG
NACHTS IN DER STADT

Jahrelang ging ich durchs Leben, ohne sie zu bemerken – die Dunkelwelt. Ich hatte mir schlicht nie Gedanken darüber gemacht. Dabei ist sie nicht weit entfernt, nicht an entlegenem Orte zu finden. Sie liegt direkt vor unserer Nase. Stellen Sie sich eine Stadt oder ein Dorf vor – vielleicht den Ort, an dem Sie leben. Nachts sieht es dort völlig anders aus als am Tag. Während sich das Bühnenbild gleicht – lediglich etwas schwächer beleuchtet –, sind die Protagonisten völlig andere. Im Schutze der Dunkelheit und von uns unbemerkt erobern sie die Stadt. Lassen Sie uns einmal genauer hinsehen:

Es ist ein Uhr morgens im Berliner Botschaftsviertel, die Nacht ist mild, aber ein letzter Hauch von Winter liegt in der kühlen Luft. An einer Bushaltestelle der Linie M45 in Richtung Westend steht das kleine Haltestellenhäuschen verlassen im Licht einer Straßenlaterne. Der Lichtkegel fällt auf die leeren Bänke, beleuchtet das Kopfsteinpflaster und Werbeplakate, die jetzt in Grautönen erscheinen, und verliert sich im dunklen Blattwerk der dahinter wachsenden Hecken und Bäume des angrenzenden Parks.

Wenn man genau hinsieht, kann man im Schwarz der Sträucher einen dunklen Punkt ausmachen, an dem das Schwarz noch ein wenig tiefer ist. Genau dort kommt das Rascheln her, das nun die Stille der Nacht durchbricht. Zuerst leise, dann immer lauter werden Zweige bewegt, Blätter rascheln, und Äste knacken.

Aus dem Dunkel tritt eine gedrungene Gestalt in den Halbschatten und verharrt kurz, um zu lauschen. Dann schiebt sich eine große weiche Nase am Ende einer langen Schnauze ins Licht der Laterne. Im Vergleich zu dem großen, borstig bepelzten Körper wirkt der Kopf der Bache fast zu klein. Die Knopfaugen sind wach, die großen Ohren aufmerksam gespitzt, als sie gänzlich auf den Bordstein tritt. Hinter ihr schälen sich kleine Körper mit hellen Streifen aus dem Gebüsch. Zunächst einer, dann ein zweiter und ein dritter. Nach und nach füllt sich der Platz um das kleine Haltestellenhäuschen mit der Wildschweinrotte. Ziel der erfahrenen Bache, die sieben Frischlinge führt, ist der Abfalleimer an der Seite des Häuschens, den sie nun ansteuert, um nach Essbarem zu stöbern, während kleine Nasen den Boden nach Eicheln und anderem Nahrhaften absuchen. Aus dem Mülleimer werden die Reste eines belegten Brotes gezerrt. Unter lautem Schmatzen und Grunzen nimmt die Wildschweinfamilie ihr Abendbrot ein oder eigentlich ihr Frühstück, denn für sie hat der Tag gerade erst begonnen.

Sechseinhalb Stunden später, um sieben Uhr dreißig, herrscht Betriebsamkeit an der Haltestelle der Linie M45 in Richtung Westend. Auf der Bank des Haltestellenhäuschens sitzt ein Mann, der einen Rucksack auf seinem Schoß festhält, daneben sitzt eine Frau und schaukelt abwesend einen Kinderwagen. An der nun erloschenen Laterne steht ein Mann im Anzug und wirft seinen leeren Kaffeebecher in den Papierkorb. Auf dem Bordstein drängeln sich Menschen, deren Bus gerade eingetroffen ist. Menschen, die zur Arbeit fahren, Kinder zur Kita bringen, Erledigungen nachgehen, ihrer morgendlichen Routine folgen, Menschen, die nichts von den nächtlichen Besuchern an ihrer Haltestelle ahnen.

Was dort in dieser Nacht geschieht, ist nur ein kleiner Teil des Berliner Nachtlebens, das sich jenseits von Bars und Clubs abspielt. Es ist nur ein geringer Teil des tierischen Nachtlebens in unseren Dörfern und Städten und nur ein winziger Teil des

Nachtlebens in der Natur. Wo tagsüber Menschen auf Busse warten, Rasen mähen oder Fußball spielen, sind auf leisen Pfoten und lautlosen Schwingen die Bewohner der Nacht unterwegs. Fledermäuse jagen nach Motten, Füchse stehlen Schuhe, Waschbären suchen in Gartenteichen nach Futter, und viele weitere wilde Nachbarn gehen ihrem Tagwerk nach. Wobei man eigentlich Nachtwerk sagen müsste, denn in der Nacht findet der Großteil ihres Lebens statt. Ob in der Stadt oder auf dem Land, die meisten Säugetiere sind nachtaktiv, aber nicht nur sie, auch andere Lebewesen haben die dunkle Seite des Tages gewählt.

Wir Menschen sind tagaktive Wesen und nehmen die Welt wie durch einen zeitlichen Filter war. Die meisten von uns erahnen vermutlich nicht mal, was sie dadurch verpassen. Und das ist eine Menge!

Schon während meiner Doktorarbeit über Füchse haben mich Eindrücke dieser geheimnisvollen Welt begleitet. Auf meinen vielen Touren durch die nächtliche Stadt ist mir immer wieder dieser Kontrast zwischen dem Berlin bei Tag und der Stadt, die ich in der Nacht erlebte, ins Auge gefallen.

Nicht nur die Füchse, auf deren Spuren ich wandelte, sondern auch viele andere Wildtiere bevölkern diese Welt. Ihr Leben findet in einer Parallelwelt statt, am selben Ort wie unseres, aber zu einer anderen Zeit.

Heute arbeite ich in einem Forschungsprojekt, das sich ganz der Dunkelheit und ihrem Erhalt verschrieben hat. Aber dazu später mehr. Durch mein Eintauchen in die Nacht hat sich meine Perspektive verändert – auf Berlin, auf meine Füchse und andere wilde Nachbarn, auf das Leben.

Kommen Sie mit auf eine Reise in diese Dunkelwelt, lernen Sie ihre Bewohner kennen und öffnen Sie Ihre Augen für die Wunder der Nacht.

DIE DUNKLE SEITE
DES TAGES

Auf jeden Tag folgt eine Nacht. So weit, so normal. Aber haben Sie sich schon mal wirklich bewusst gemacht, was das bedeutet? Wir Menschen verschlafen einen nicht unerheblichen Teil des Tages. Aber wir verpassen nicht nur ein paar Stunden, eine Portion Zeit, die uns durch die Finger rinnt. Wir verpassen eine ganze Welt, eine Art Spiegeluniversum, in dem alles irgendwie gleich und dennoch völlig anders ist. Es ist, als wäre das Leben zweigeteilt. Zwei parallele Welten mit ihren eigenen Kreaturen und Regeln, mit ihrer eigenen Realität.

Von subjektiven Realitäten

Die Tatsache, dass wir überwiegend in nur einer dieser beiden Welten leben, mag zunächst nicht allzu wichtig erscheinen, aber sie hat weitreichende Konsequenzen. Das betrifft uns beispielsweise ganz direkt. So sind unsere Fähigkeiten, Gewohnheiten, unsere Physiologie und vieles mehr, das uns als Menschen ausmacht, eng mit unserer Lebensweise als Tagesbewohner verknüpft. Es fängt bei unserer Orientierung an, denn unsere Augen sind auf das Sehen bei Tageslicht spezialisiert. Sie lösen komplexe Szenen in wunderschönen, bunten und klaren Bildern auf und helfen uns so, uns in der Welt zurechtzufinden. Sobald die Nacht dämmert, sind wir dagegen auf Lichtquellen angewiesen, seien es natürliche, wie das Mondlicht einer klaren Vollmondnacht, Feuer, oder die Abermillionen von künstlichen

Lichtern, mit denen wir uns heute die Nacht erhellen. Auch wenn wir in der natürlichen Dunkelheit selbstverständlich nicht völlig blind sind und unsere Augen sich durchaus an die schwachen Lichtverhältnisse in der Nacht gewöhnen, ist unser nächtliches Sehen im Vergleich zu anderen Säugetieren, die sich im Laufe der Evolution für die andere Seite des Tages entschieden, stark eingeschränkt.

Auch unser ganzer Schlaf-Wach-Rhythmus und der dazugehörige Hormonstoffwechsel sind darauf ausgelegt, dass wir überwiegend tagsüber aktiv sind und nachts ruhen. Im Gegensatz zu vielen anderen Lebewesen, die ihre Schlafperioden über den Tag verteilen, sind wir natürlicherweise Nachtschläfer und brauchen die Dunkelheit, um Melatonin auszuschütten und erholsam schlafen zu können. Gleichzeitig macht Licht uns wach und munter, hebt unsere Stimmung und verbessert unsere kognitiven Leistungen. Das gilt besonders für blaues Licht, das natürlicherweise im Farbenspektrum des sichtbaren Sonnenlichts vorkommt. Wir verdanken unsere Blau-Affinität einem Molekül namens Melanopsin, das Fotopigment in unserer Netzhaut reagiert besonders stark auf diese Lichtfarbe.[1] Was uns am Tag munter macht, kann uns jedoch in der Nacht wach halten, zum Beispiel wenn wir durch blaues Licht von Computer und Handybildschirmen das über Jahrtausende entstandene Hormongefüge und damit unsere innere Uhr durcheinanderbringen.[2] Leben und arbeiten wir gegen unseren natürlichen Rhythmus, macht uns das sogar krank, so sind bei Menschen, die regelmäßig nachts arbeiten, Risiken für Krebs-, Herzkreislauferkrankungen, Depressionen und weitere Erkrankungen erhöht.[3]

Unsere tagaktive Lebensweise beeinflusst jedoch nicht nur unseren Körper auf vielfältige Weise, sondern auch unsere Wahrnehmung der Welt. Zum Beispiel unser Wissen über die Natur, die uns umgibt. Machen wir ein kleines Experiment, um das zu verdeutlichen: Denken Sie an Schmetterlinge und erinnern Sie drei Namen für tagaktive Falter. Welche fallen Ihnen ein?

Vielleicht der Zitronenfalter, das Tagpfauenauge und der Admiral? Dann wären da beispielsweise noch Kohlweißling, Schwalbenschwanz, kleiner und großer Fuchs, Bläuling, Kaisermantel, Distelfalter, Trauermantel, Kleines Wiesenvögelchen, Aurorafalter oder Schachbrett. Welche sind Ihnen eingefallen? Auch wenn Ihnen diese Namen nicht durch den Kopf gegangen sein sollten, so kennen Sie doch vermutlich einige davon, oder? Nun wiederholen wir den Versuch, aber diesmal denken Sie an drei Nachtfalter …

Und? Sollte Ihnen keiner eingefallen sein, grämen Sie sich nicht, denn damit dürften Sie zur Mehrheit der Menschen gehören. Auch ich hätte vor nicht allzu langer Zeit vermutlich keine drei Namen zusammenbekommen. Dabei tragen die Falter der Nacht teils poetische Namen, wie Mondspinner oder Silbereule.

Mir persönlich war bis zu Beginn meiner Arbeit in einem Forschungsprojekt zur natürlichen Dunkelheit und ihren Bewohnern nicht einmal bewusst, wie wenig ich über das Thema wusste. Bei der Arbeit mit Füchsen im Rahmen meiner Doktorarbeit waren es vor allem Waschbär, Marder, Igel und Co., denen ich nachts begegnete. Viele weitere nächtliche Bewohner bemerkte ich nicht.

Von meiner Unwissenheit über Nachtfalter angestachelt, begann ich zu recherchieren und suchte unter anderem nach verschiedenen Faltern und ihren Namen, nur um festzustellen, dass manche Arten keinen eigenen, deutschen Namen tragen. Selbst in einem Kinderbuch entdeckte ich auf einer Seite mit Nachtfaltern neben den Namen von Mondspinner und Kaisermotte plötzlich gar nicht so kinderbuch-tauglichen Namen wie *Eumorpha labruscae* oder *Citheronia regalis*. Das ist die für alle bekannten Lebewesen vorhandene, lateinische Artbezeichnung aus Gattung und Art (zum Beispiel *Canis lupus* für den Wolf oder *Homo sapiens* für den modernen Menschen). Niemand hat sich die Mühe gemacht, diese faszinierenden, teils wunderschönen Geschöpfe in unserer Alltagssprache zu benennen.

Nicht nur die Falter sind von unserem Tag-Filter getroffen. Viele wissenschaftliche Erkenntnisse über die Tier- und Pflanzenwelt und darüber hinaus sind am Tag entstanden, denn Forschungen mit Nachtfokus sind in der Wissenschaft unterrepräsentiert.[4] Aber was macht das aus? Betrachtet man beispielsweise den Anteil nachtaktiver Tiere unter den gesamten Tierarten, die auf der »Roten Liste der bedrohten Tier- und Pflanzenarten« der internationalen Weltnaturschutzunion I U C N stehen, fällt etwas auf. Sie scheinen weniger vom Rückgang betroffen zu sein als andere Arten.

Zu glauben, dass nachtaktive Tiere weniger bedroht sind, wäre jedoch vermutlich ein Trugschluss. Neben diversen Gefährdungskategorien von »nicht gefährdet« bis »ausgestorben« findet man bei vielen Arten auf der Roten Liste den Vermerk »DD« (data deficient). Für die Einstufung dieser Arten liegt also keine ausreichende Datengrundlage vor, und wir wissen schlicht zu wenig über sie, um ihre Gefährdung überhaupt beurteilen zu können.

Von den 583 Säugetierarten mit diesem Unwissenheitsvermerk sind über achtzig Prozent nachtaktiv. Zum Vergleich, bei den tagaktiven sind es nur etwa elf Prozent.[5] Meist tappen wir also im Dunkeln darüber, wie es um die nachtaktiven Arten steht. Wir unterschätzen so möglicherweise das Risiko, dem sie ausgesetzt sind, handeln unzureichend und zu spät.

Welche Bereiche unserer wissenschaftlichen Forschung noch von unserem Tag-Fokus betroffen sind, wissen wir zum Teil gar nicht. Denken Sie beispielsweise an die Erforschung von Medikamenten. Jahrzehntelang – und immer noch zu häufig – wurden und werden Medikamente überwiegend an männlichen, jungen Probanden getestet. Erst viel später wurde uns bewusst, was das bedeutet: Ob die getesteten Wirkstoffe auch Frauen, älteren Menschen oder Kindern helfen, ist völlig unklar. Studien, die das im Nachgang gezielt überprüften, kamen dabei oft zu erschreckenden Ergebnissen. Ähnlich wie sich so manche Krankheit bei Frauen und Männern ganz unterschiedlich äußern kann, wirken auch Medikamente nicht für alle Menschen gleich, ihre Wirkung ist für bestimmte Gruppen kaum nachweisbar. Das ist ein großes Problem, über dessen Existenz wir uns lange gar nicht bewusst waren. Wer weiß daher schon, was ein blinder Fleck beim Thema Dunkelheit so alles für Auswirkungen haben könnte?

Es gibt noch viel über die Nacht zu lernen, und wenn wir die Natur bewahren wollen, müssen wir neben räumlichen vielleicht auch in zeitlichen Dimensionen denken. Einige Wissenschaftlerinnen und Naturschützer schlagen beispielsweise vor, Schutzgebiete in Zukunft nur zu bestimmten Tageszeiten für Menschen zugänglich zu machen. In einer immer dichter von Menschen besiedelten Welt könnte das den Schutz für viele Arten verbessern, vermuten die Forscher.[6]

Chris Kyba von der Ruhr-Universität Bochum plädiert sogar für ein eigenes Forschungsinstitut zur Nacht.[7] Dessen Aufgabe wäre es, die physikalischen, chemischen und biologischen Aspekte der Nacht zu erforschen.[8] Vom Einfluss künstlichen Lichts auf unsere Ökosysteme über die richtige Zeit für den Schulbeginn bis zur Frage der Zeitumstellung könnten sich so Wissenschaftler verschiedener Disziplinen der Nacht widmen. Man könnte sogar noch einen Schritt weiter gehen und auch Gebiete der Philosophie, Kunst oder Anthropologie miteinschließen. Denn letztlich ist sogar unsere Kulturgeschichte von unserem

Tag-Fokus geprägt. Der Physiker, Schriftsteller und Philosoph Georg Christoph Lichtenberg beschrieb diesen Umstand schon im 18. Jahrhundert treffend: »Unsere ganze Geschichte ist bloß die Geschichte des wachenden Menschen. An die Geschichte des schlafenden hat noch niemand gedacht.«

Es gibt also eine ganze Reihe von Gründen, warum wir die Dunkelheit und alles, was sich in ihr verbirgt, stärker in den Blick nehmen sollten. Mir reicht jedoch der eine Grund, der mich einst dazu motivierte, Biologie zu studieren, und der mich jeden Tag aufs Neue bewegt, meine Nase in Dinge zu stecken: Es ist einfach spannend! Also lassen Sie uns gemeinsam eintauchen in dieses geheimnisvolle Leben. Gehen wir auf Expedition in die Anderswelt.

Die andere Welt

Die Geheimnisse nächtlicher Welten entziehen sich uns nicht nur durch den uns fremden Lebensrhythmus nachtaktiver Wesen. Ihre Geschöpfe verbergen sich im wahrsten Sinne des Wortes im Dunkeln. Doch wie dunkel ist es eigentlich in der Nacht?

Wir Menschen beschreiben die Dunkelheit meist nicht direkt, wir begreifen sie mehr als die Abwesenheit von Licht. Dieses Licht kann in verschiedenen Einheiten gemessen werden. Das ist sogar nötig, denn es ist gar nicht so einfach, Licht zu quantifizieren. Wie hell ist es beispielsweise auf einem Fleckchen Wiese zu einem bestimmten Zeitpunkt? Messen wir das Licht dort, wo es am Boden ankommt? Klingt vernünftig, doch das ist nicht die Helligkeit, die wir wahrnehmen, spielt es doch auch eine Rolle, wie hell es über einem Boden ist und um ein Objekt herum. Vielleicht müssten wir fragen, wie hell es in einem Kubikmeter Luft über dem Boden ist? Und was ist mit dem Licht, das von Dingen reflektiert wird?

Kurzum, wer sich tiefergehend mit Licht beschäftigt, kommt um einen Wust an Einheiten wie Candela, Candela pro Bogensekunde, Lumen oder Lux nicht herum. Zum Glück müssen wir das aber gar nicht, um uns ein Bild von der Dunkelheit zu machen. Wir wollen für unsere Betrachtung der Lichtverhältnisse in der Nacht »Lux« nehmen, die internationale Einheit der Beleuchtungsstärke. Keine Sorge, weder die Einheit selbst noch die absoluten Werte spielen dafür eine Rolle, es geht lediglich darum, den Kontrast zwischen Tag und Nacht aufzuzeigen.

Ein sonniger Tag mit blauem Himmel, das sind gute 100 000 Lux. Dass das ziemlich hell ist, merken wir spätestens, wenn wir in Richtung Sonne schauen und die Augen zusammenkneifen müssen. Im Schatten eines Baumes kommen davon etwa 10 000 Lux an, nur ein Zehntel. An einem bewölkten Tag wird es nochmals deutlich dunkler, wir liegen bei 100 bis 2000 Lux. Nur noch einhundert statt einhunderttausend? Das klingt wenig. Aber in der Nacht ist es wesentlich dunkler. Das hellste natürliche Nachtlicht – bei Vollmond im Zenit – hat gerade mal eine Stärke von 0,25 Lux. Der Halbmond bringt es nur noch auf 0,01, das Licht aller Sterne auf 0,001.[9] In einer ganz normalen, teilweise bewölkten Nacht herrscht also nicht mal ein Tausendstel Lux, ein extremer Kontrast zu den Hunderttausend eines sonnigen Tages. Kein anderer Gradient in der Natur dieses Planeten, sei es Säuregehalt, Luftfeuchtigkeit oder Temperatur, erstreckt sich auch nur annähernd über eine solch enorme Spanne. Ein klarer Fall fürs Guinnessbuch.

Dass es nachts so dunkel wird, hat auch mit der Position der Erde zu tun. Kennen Sie den Achtzigerjahre-Song von Corey Hart mit der Refrain-Zeile »I wear my sunglasses at night«? Nun, auf dem Merkur könnte Sie diese etwas merkwürdige Angewohnheit tatsächlich weiterbringen, denn dort herrschen auch in der Nacht um die 800 000 Lux.

Während wir Menschen bei den Lichtverhältnissen einer sternenklaren Nacht oder gar bei Vollmond wenig erkennen, sind andere Erdbewohner gewohnheitsmäßig in Dämmerung und Dunkelheit unterwegs. Sie leben, spielen, fressen und jagen sogar in ihr und bewegen sich teils in rasantem Tempo über Stock und Stein oder fliegend zwischen Baumstämmen. Mühelos navigieren sie durch Wälder und Dickichte. Würden wir es ihnen gleichtun, wäre es sicherlich nur eine Frage von Sekunden, bis wir gegen den ersten Baumstamm laufen würden. Doch wer sind diese ominösen Geschöpfe der Nacht? Welche Tiere sind es, die sich für die dunkle Seite des Tages entschieden haben?

Die heimliche Mehrheit

So manche Gruppierung oder Partei hat für sich schon in Anspruch genommen, die heimliche Mehrheit zu repräsentieren. Häufig basierend auf dem Irrglauben, alle anderen müssten genauso denken wie man selbst oder aber wer sich nicht äußere, stimme insgeheim zu. Der kleine Igel, der sich im Dunkeln aus der Hecke schält, oder die Nachtigall, die uns die Frühsommernächte mit ihrem Gesang versüßt, repräsentieren dagegen tatsächlich eine Mehrheit. Und heimlich ist sie auch – zumindest für uns Menschen. Denn obwohl wir am Tag, alleine schon wegen der vielen Singvögel, meist viel mehr Tiere sehen als in der Nacht, sind die Bewohner der Anderswelt in der Überzahl.

Schätzungsweise 62 Prozent, der Tierarten weltweit sind dämmerungs- und oder nachtaktiv.[10] Das bedeutet, ein großer

Teil ihres Lebens, ihrer Aktivitäten und sozialen Interaktionen spielt sich in dieser dunkleren Zeitspanne ab, während Ruhephasen überwiegend tagsüber stattfinden.

Die Trennung ist natürlich nicht schwarz-weiß. Wir Menschen sind eindeutig tagaktive Wesen, trotzdem können wir eine warme Sommernacht im Park genießen oder nachts um die Häuser ziehen. Viele Menschen stellen sogar, entgegen ihrer inneren Uhr, nachts ihre Arbeitskraft in den Dienst der Gesellschaft, zum Beispiel als Reinigungskräfte, bei der Abfallentsorgung, im Transportwesen, als medizinisches Personal und in vielen weiteren Berufen. Genauso mag man am Tag dem einen oder anderen Igel oder Steinmarder begegnen, obwohl er eigentlich dämmerungs- oder nachtaktiv ist.

Igel und Steinmarder kennen wir gut, aber wer versteckt sich noch hinter der heimlichen Mehrheit? Schauen wir uns die verschiedenen Gruppen im Tierreich einmal genauer an. Los geht's mit unserer eigenen Mannschaft, den Säugern.

Bei den Säugetieren der Nacht denken viele Menschen bestimmt zuerst an Fledermäuse. Kaum ein anderes Tier assoziieren wir so sehr mit der Nacht. Tatsächlich sind etwas mehr als zwei Drittel der Säugetiere überwiegend nacht- oder dämmerungsaktiv.[11] Vor unserer Haustüre sind das zum Beispiel Steinmarder, Biber, Iltis, Siebenschläfer, Waschbär, Haselmaus, Fuchs, Igel, Wildschwein und Dachs. Wenn wir uns auch auf anderen Kontinenten umschauen, kommen viele weitere, spannende Arten dazu. So sind fast alle Großkatzen, wie Tiger oder Löwe, nachtaktiv, ebenso die meisten Nagetiere, Beuteltiere und alle Fledertiere. Es sind wohlbekannte Arten wie das Nilpferd oder der Große Panda, aber auch weniger bekannte Tiere mit exotischen Namen wie Loris, Wickelbären oder Tenreks dabei.

Die Vogelwelt gehört zwar überwiegend zu den Tagbewohnern, aber wir alle wissen, dass es Ausnahmen gibt. Eulen sind wohl das Fledermaus-Pendant der Nachtvögel. Vom kleinen Raufußkauz bis zum großen Uhu bereichern sie unsere Nächte. Darüber hinaus gibt es Nachtschwalben, von denen bei uns zum Beispiel der Ziegenmelker vorkommt, und bei der Nachtigall steckt die Liebe zur Dunkelheit schon im Namen. Ihr wunderschönes Lied hat uns Menschen schon immer fasziniert, manche so sehr, dass sie gemeinsam mit ihnen singen, wie Sie später sehen werden.

Etwa ein Fünftel der Vogelarten singt, fliegt und lebt in der dunklen Tageshälfte, vom Nachtreiher bis zum Wappenvogel Neuseelands, dem Kiwi. Ähnlich ist der Anteil unter den Reptilien, so sind beispielsweise Krokodile und Geckos gleichermaßen Jäger der Nacht – wenn auch nicht gleichermaßen bedrohlich für unseresgleichen. Auch einige Fische bevorzugen die dunkle Tageshälfte, und bei den Amphibien, zu denen die Frösche, Kröten, Salamander und Molche gehören, sind mit über 90 Prozent besonders viele Vertreter nachtaktiv.

Die artenreichste Gruppe unseres Planeten – und das mit Abstand – sind die Insekten. Es gibt viel mehr Insektenarten, als es beispielsweise Pflanzenarten gibt, und ein Vielfaches der Wirbeltiere, zu denen alle zuvor genannten Tiergruppen gehören. Ob es ein Zufall ist, dass diese alte und große Gruppe sich zu etwa gleichen Teilen auf die helle und die dunkle Seite des Tages verteilt? Die Vielfalt der Insekten ist so immens groß, dass wir nur einen winzigen Bruchteil kennen. Von so mancher Artengruppe mit Tausenden von Spezies haben Menschen, die nicht gerade (Hobby-)Entomologen sind, vermutlich noch nie gehört. Doch auch bei den wohlbekannten und meist beliebten Schmetterlingen fliegen vier Fünftel nicht über sonnenbeschienene Wiesen, sondern tummeln sich im Sternenlicht.

Letztlich müssen wir uns jedoch eingestehen, dass dies nur grobe Schätzungen sind. Wie viele Weichtiere und andere Wirbellose sind nachtaktiv? Keine Ahnung. Kann man bei Pflanzen oder den Pilzen – die weder Pflanze noch Tier sind – überhaupt von so etwas wie Nacht-Aktivität sprechen?

Über einen großen Teil der Lebewesen dieses Planeten wissen wir nur sehr wenig, andere haben wir noch gar nicht entdeckt. Wieder andere kennt die Wissenschaft bereits – die einheimische Bevölkerung am Ort ihres Vorkommens ohnehin. Den meisten Menschen in unseren Breiten sind diese Arten jedoch bisher nie untergekommen.

Seit ich denken kann, liebe ich es, mir bei uns nur wenig bekannte Arten und ihre Lebensweise anzuschauen und dabei über kuriose Schätze zu stolpern – und, Sie ahnen es vermutlich schon, davon hat die Nacht so einige zu bieten.

Deswegen möchte ich an dieser Stelle ein paar meiner Fundstücke mit Ihnen teilen. Da wäre zum Beispiel der auf Neuguinea vorkommende Tüpfelkuskus. Schon bei dem Namen war ich aus dem Häuschen, spannend ist er aber auch! Der Tüpfelkuskus ist ein baumlebendes, bis zu sechs Kilogramm schweres Beuteltier mit wolligem, cremefarbenem und braun getupftem Fell und einem langen, kräftigen Schwanz, der ihn zu einem exzellenten Kletterer macht. Ein ungewöhnlicher und zugleich hübscher Anblick, wenn man ihn denn zu sehen bekäme. Wie man es aus manchem Comic oder Abenteuerfilm kennt, in dem allerlei Gerät mit Büschen und Zweigen versteckt wird, tarnt sich auch der Tüpfelkuskus mithilfe von arrangiertem Blattwerk. Vermutlich um während seiner Schlafphase am Tag nicht entdeckt zu werden. Die Tiere ziehen dafür mit den Pfoten umliegende Äste heran und stopfen sie unter sich, ähnlich wie wir eine Bettdecke feststecken würden.[12]

Bevor man sie sieht, hört man die meist im Grün der Bäume verborgenen Tiere eher – zumindest zur Paarungszeit. Denn dann rufen die Weibchen, die ganze Nacht hindurch. Angeblich ohne Pause und mit einem Ruf, der als irgendetwas zwischen einem Zischen und einem Eselsschrei beschrieben wird.[13]

Deutlich kleiner, aber ebenfalls mit langem Greifschwanz im Geäst unterwegs ist der Honigbeutler. Honigbeutler, das klingt ein wenig nach einer Hobbit-Familie aus J. R. R. Tolkiens Auenland. Das mausgroße Tier mit braunem Fell und Streifenmuster auf dem Rücken lebt in den Küstenregionen Südwestaustraliens. Es ist vor allem in der Morgen- und Abenddämmerung und um Mitternacht herum unterwegs. Die Tiere sind nicht nur niedlich anzuschauen, sondern auch ziemlich seltsam, denn ihre Lebensweise hat etwas von einem Eichhörnchen, einer Maus, einer Hyäne, und einer Wildbiene. Merkwürdige Kombination? Definitiv! Aber dennoch real: Die kleinen Tiere mit Spitzmausgesicht bauen Kobel wie Eichhörnchen, sie kommunizieren über Quiektöne wie Mäuse, und wie bei den Hyänen sind die Weibchen das dominante Geschlecht. Und die Wildbiene? Nun, wenn die kleinen Tiere um Mitternacht herum unterwegs sind, dann um von einer Baumblüte zur nächsten zu klettern, denn sie sind auf Nektar und Pollen spezialisiert. Diese bilden ihre wichtigste Nahrungsquelle, und umgekehrt sind die Honigbeutler die bedeutendsten Bestäuber der Familie der Silberbaumgewächse.

Ein weiteres ungewöhnliches Säugetier der Nacht ist der Taguan. Der Taguan ist das, was vielleicht dabei herauskäme, wenn Batman und Cat Women ein Wesen wären. Ein fliegendes oder vielmehr gleitendes Geschöpf im Pelzmantel. Das in Südchina, auf Sri Lanka, Borneo und Java vorkommende Tier gehört zu den Riesengleithörnchen. An die zwei Kilogramm und um die vierzig Zentimeter Körper – ohne den langen, wuscheligen Schwanz wohlgemerkt – gleiten dort in atemberaubendem Tempo durch den nächtlichen Wald.

Auch bei den nachtaktiven Vögeln gibt es einige skurrile

Arten zu entdecken. Zum Beispiel den Kakapo, auf Neuseeland. Das Wort Kakapo kommt aus der Sprache der Maori und bedeutet Nacht-Papagei. Und genau das ist er, ein, im Gegensatz zu fast allen anderen Papageien, nachtaktiver Papageienvogel. Als ob das nicht genug wäre, ist der grüne und bis zu sechzig Zentimeter hohe Vogel auch noch die einzig lebende, flugunfähige Papageienart. Statt zu fliegen, hüpfen Kakapos auf dem Boden herum und können darüber hinaus hervorragend klettern. Leider sind die sehr neugierigen und intelligenten Vögel akut vom Aussterben bedroht. Genau wie der flugunfähige Kiwi, konnten sich in Neuseelands Ökosystem solch einzigartige Vogelarten entwickeln, da es dort keinerlei Säugetiere gab, bevor die Menschen sie mitbrachten. Nun machen eben diese ihnen zu schaffen.

Sechzig Zentimeter sind beeindruckend, jedoch nichts im Vergleich zu den 1,7 Metern, die ein ausgewachsener Helmkasuar erreicht. Die großen Laufvögel aus Neuguinea erinnern an einen Strauß, zumindest wenn man, von den großen Klauenfüßen ausgehend, mit dem Blick den nackten Laufbeinen nach oben über den pelzartig anmutend befiederten Körper folgt. Wer hier aufhört, verpasst jedoch etwas, nämlich den Teil, an dem der Vogel zunächst einen knallblauen Hals und Kopf mit leuchtend roten Hautlappen offenbart, nur um das Ganze dann mit einem dinosaurierhaften Hornschild auf dem Kopf abzurunden. Ja genau, ein riesiger Laufvogel mit nacktem blauem Kopf und Dino-Helm. Googeln Sie es, wenn Sie es mir nicht glauben.

Wenn Sie schon dabei sind, suchen Sie auch gleich mal nach Blattschwanzgeckos. Die bis zu dreißig Zentimeter großen, nachtaktiven Echsen sind allerdings selbst auf einem Foto gar nicht so einfach zu finden. Sie kommen nur auf Madagaskar vor und sind einfach fantastisch – das verrät schon der lateinische

Artname eines ihrer Vertreter, *Uroplatus phantasticus*, der mit geschlossenen Augen wie ein welkes Laubblatt aussieht. Selbst der flache Schwanz endet in einem kunstvollen Gebilde, das verblüffende Ähnlichkeit mit Herbstlaub hat. Öffnet das Tier jedoch seine roten Augen, sieht es mit seinem geschwungenen Körper und den schlitzförmigen Pupillen wie ein waschechter Drache aus dem Märchen aus. Nur eben einer im Handtaschenformat.

In der Nacht verbergen sich nicht nur seltsam geformte oder geschmückte Tiere, es passieren auch merkwürdige Dinge. Für eine dieser Geschichten müssen wir einen kleinen Ausflug in den tropischen Regenwald Malaysias machen:

Es ist Nacht im Regenwald. Millionen von Palmblättern bilden ein Geflecht aus Grün und Schwarz vor dem dunklen Nachthimmel und den Tiefen des Dschungels. An einer zunächst gewöhnlich aussehenden Palme passiert nun etwas ganz und gar Ungewöhnliches. Im Dunkeln der Nacht nicht leicht zu erkennen, ragen große braune zapfenartige Gebilde aus dem Gestrüpp. Die dichte Palme mit den riesigen, ausladenden Blättern bildet diese mannshohen Blütenstände aus. An einem der braunen Zapfen regt sich etwas. Ein leises Rascheln verrät den nächtlichen Besucher, der die Palme erklettert hat und dessen possierliches Gesicht mit den großen schwarzen Knopfaugen sich langsam hinter dem Blütenstand hervorschiebt. Fast könnte man die kleine Kreatur für einen Siebenschläfer halten, wäre da nicht der lange, nackte Schwanz, an dessen Ende eine lange große Quaste in Form einer Vogelfeder thront.[14] Behände klettert der kleine Säuger zwischen den einzelnen Blüten hindurch. Dort leckt er einen weißen, dickflüssigen Saft auf, der aus der Blüte austritt. Kurz darauf verschwindet er im Blätterwerk. Er wird noch einige Male wiederkommen in dieser Nacht, der cremige Palmensaft zieht ihn anscheinend magisch an.

Was lässt das kleine Federschwanz-Spitzhörnchen immer wieder zu den Früchten der Bertrampalme zurückkehren? Nun, der Nektar der Palme hat es in sich. Durch Symbiose mit fermentierenden Hefen kommt der Saft auf einige Umdrehungen. Ganze 3,8 Prozent Alkoholgehalt enthält dieser natürlich hergestellte Palmenwein. Das kleine Hörnchen mit seinen etwa fünfzig Gramm Körpergewicht konsumiert so regelmäßig das Äquivalent zu etwa zwölf Gläsern Wein.

Interessanterweise finden sich im Blut der Tiere häufig Alkoholspiegel, die beim Menschen schwere Vergiftungssymptome und Organschäden hervorrufen würden. Dem Federschwanz-Spitzhörnchen hingegen scheint der Alkoholkonsum nichts anhaben zu können.[15] Der gewohnheitsmäßige Trinker hat sich im Laufe der Evolution an seinen Konsum angepasst.

Im Übrigen besuchen gelegentlich auch andere Tiere die Blüten der Palme, darunter verschiedene Nagetiere und auch Plumploris, kleine nachtaktive Primaten. Und was hat die Palme davon? Vereinfacht könnte man sagen: In Malaysia gibt es eine Palme, die Tiere alkoholsüchtig macht, damit sie sie bestäuben. Ist Natur nicht einfach faszinierend?

Wenn wir schon in der Welt der Pflanzen sind, lassen Sie uns doch noch einmal kurz zu der Frage zurückkommen, ob Pflanzen nachtaktiv sein können. Vielleicht ist der Begriff nicht unbedingt der beste, dennoch gibt es Pflanzen, die sich auf die Nacht spezialisiert haben. Sei es, indem sie Nachtschwärmer auf Sauftour anlocken oder ihre Blühphasen in die dunkle Tageszeit verlegen.

Einen sehr poetischen Namen trägt zum Beispiel die »Queen of the night«, also die Königin der Nacht. Sie kommt in Mexiko und Guatemala vor und gehört zu den Kakteengewächsen. Ihre Blüten sind wunderschön. Am Ende trichterförmiger roter Gebilde öffnet sich eine strahlend weiße, dichte Blüte mit einem

Durchmesser von etwa fünfzehn und einer Länge von bis zu dreißig Zentimetern.

Ihr Erblühen hat etwas von Aschenputtels Verwandlung aus dem Märchen, denn sie blüht nur sehr selten: Sie öffnet sich nur in der Nacht, gegen Mitternacht erstrahlt sie dann in voller Pracht, und ihre wunderschönen Blüten verwelken noch vor Tagesanbruch.

Nicht alle nächtlichen Blüher sind so geheimnisvoll und sparsam mit ihrer Blühkraft. Viele tragen zahlreiche, hübsche Blüten. Manche blühen auch am Tage, geben aber erst in der Nacht ihren intensivsten Duft ab. Gewöhnliche Nachtviolen mit ihren purpurnen Blüten, die weiße Mondwinde, die vielfältigen Nachtkerzengewächse oder der bunte Nachtphlox tragen ihre Spezialisierung bereits im Namen. Während die Pflanzen des Tages mit ihrer Formen- und Farbenpracht um Bestäuber konkurrieren, sind nachtblühende Pflanzen häufig weiß oder in anderen hellen Tönen gefärbt. Diese reflektieren das spärliche Licht bei Nacht besser. Vor allem aber setzen die Blumen der Nacht auf eine andere Technik, um Bestäuber zu bezirzen: ihren betörenden Duft.

Offenbar haben sich eine Menge Lebewesen im Laufe der Evolution in der dunklen Seite des Tages eingerichtet. Bei dem unfassbaren Reichtum der Natur, Millionen von Arten und den absonderlichsten Kreaturen ist es unmöglich, diese auch nur annähernd alle vorzustellen. Manche haben wir auf den vergangenen Seiten kurz gestreift. Zumindest einige wenige Tierarten der Nacht möchte ich jedoch gerne etwas näher beleuchten – beziehungsweise beschreiben –, denn beleuchtet zu werden würde diesen Kandidaten sicherlich nicht allzu sehr gefallen. Im Laufe des Buches werde ich Ihnen also zwischen den anderen Kapiteln ein paar dieser Bewohner der Anderswelt näher vorstellen. Neben Spannendem zu Aussehen, Lebensweise und Verhalten der

Tiere, wird es auch um deren kulturelle Bedeutung und Beziehungen zu uns Menschen, Anekdoten oder persönliche Erlebnisse gehen.

Doch nun zurück zu den hier vorgestellten Geschöpfen der Nacht. Wenn wir zum Beispiel an all die Tiere denken, die in diesem Kapitel durch die Zeilen geschlichen, geflogen oder gekrochen sind, dann fällt es schwer, einen gemeinsamen Nenner zu erkennen, so vielfältig sind sie in Form und Lebensweise. Gibt es also etwas, das sie miteinander verbindet? Um dieser Frage nachzugehen, müssen wir zunächst verstehen, wie ihre Umgebung, ihre Lebenswirklichkeit aussieht. Was unterscheidet ihre Welt von unserer?

Ein Leben im Dunkel

Betrachten wir eine Wiese am Rande eines kleinen Wäldchens irgendwo in Deutschland. Es ist dunkel. Die Sonne ist vor wenigen Stunden hinter dem Horizont verschwunden, und Wolken verdecken den Mond, der sich sonst als dünne Sichel vor dem Nachthimmel abzeichnen würde. Wo dunkle Wolken einen kleinen Ausschnitt des Himmels freigeben, öffnet sich der Blick in die Weite des Alls. Sterne, die teils schon lange vor dem Zeitalter der Menschen erloschen sind, leuchten als kleine helle Pünktchen im tiefen Schwarz. Willkommen in der Anderswelt. Es ist kühl. Es fehlen die Strahlen der Frühsommersonne, die am Tag zu dieser Jahreszeit bereits beachtliche Wärme produziert. Kaum zu glauben, dass es vor einigen Stunden noch hell und warm war, ja sogar ein Hauch erster Sommerhitze in der Luft lag. Es ist einer dieser Tage, an denen es sich in der Sonne bereits nach Sommer anfühlt, es uns im Schatten jedoch fröstelt.

Das Wäldchen, das wir betrachten, liegt nun im größten und tiefsten aller Schatten. Dem Schatten, den sich die Erde immerzu selbst wirft, während sie kreisend ihre Bahn zieht, und den wir Nacht nennen.

Ein leiser Wind trägt die Kälte mit sich und hilft ihr, in jede Ecke des Waldes zu kriechen. Etwas abseits des Waldrandes steht ein einzelner, großer Baum. Seine Abertausenden von grünen Blättern, die nun in Grautönen erscheinen, versorgen ihn am Tag mit Lebensenergie. Aus Luft und Licht stellt er die Zucker her, die es ihm in vielen Jahren ermöglicht haben, seinen starken Stamm und die mächtige Krone auszubilden. Nun hängen seine Blätter und Zweige schlaff herab, als würden sie schlafen und sich von ihrem Tagwerk erholen.[16]

Auch die Blumen auf der Wiese scheinen zu schlafen. Ihre Blüten sind geschlossen, und ihre kleinen Köpfe hängen sanft herab. Die bunten Farben, mit denen sie tagsüber Hummeln, Schmetterlinge, Fliegen und andere Bestäuber anlocken, haben in dieser Welt keine Strahlkraft. Das leuchtende Gelb des Löwenzahns, das Purpur der Ackerkratzdistel, das strahlende Blau der gewöhnlichen Ochsenzunge und all die anderen Farben und Schattierungen verlieren sich im Dunkel der Nacht. Was braucht es, um hier zu überleben?

In dieser Welt spielen Gerüche und Geräusche eine große Rolle, denn sie wirken unabhängig von Licht und Dunkelheit. Während die sichtbare Welt in den Schatten verschmilzt, transportieren Düfte Botschaften – und Geräusche scheinen umso klarer die Nacht zu durchdringen. Die Bewohner der Nacht haben daher nicht nur besonders gute Augen, sondern auch feine Ohren, Tasthaare, Vibrationssensoren, Fühler oder hervorragende Nasen, um in der Dunkelheit sicher zu navigieren.

Obwohl wir Menschen für Säugetiere und auch ganz allgemein ziemlich schlecht im Dunkeln sehen, erzählen unsere Augen etwas über unsere Vergangenheit als Geschöpfe der Nacht. Dass wir Tag und Nacht unterscheiden und unser Leben danach takten können, ist nicht erst der Fall, seit wir über Uhren verfügen. Lange bevor wir mithilfe des Sonnenstandes die Zeit sichtbar machten, hatten alle Menschen und auch diejenigen, die vor uns kamen, eine präzise Uhr zur Verfügung – die innere Uhr. Selbst wenn wir Menschen beispielsweise fernab von Zivilisation, Kalendern und Uhren leben, pendelt sich unser Wach- und Schlafrhythmus auf eine bestimmte Taktung ein. Die innere Uhr sorgt bei Tieren wie Pflanzen für einen geregelten Tagesrhythmus. Sie ist uns angeboren, wird jedoch durch äußere Einflüsse nachjustiert. So besitzen beispielsweise Fische, Amphibien, Reptilien und Vögel Hautsensoren und Sinneszellen im Inneren ihres Schädels, die dabei helfen, die innere Uhr nachzustellen. Säugetiere scheinen sich hier jedoch gänzlich auf ihre Augen zu verlassen.[17, 18] Dies könnte ein Überbleibsel unserer lichtempfindlichen Vorfahren sein.

Lichtempfindliche Augen sind in einer dunklen Welt ein entscheidender Vorteil, daher setzten die Säugetiere früh auf Lichtausbeute und verloren dabei Teile des Farbsehens: In der Netzhaut des Auges gibt es zwei verschiedene Sehzellen, die auf das Farbsehen spezialisierten Zapfen, und die Stäbchen, mit denen keine Farben erfasst werden können, die dafür aber bei deutlich schwächeren Lichtverhältnissen noch funktionieren. Die Mehrheit aller landlebenden Säugetiere hat nur noch zwei Zapfentypen und damit einige Farben dieser Welt eingebüßt, die ihre Vorfahren mit drei oder sogar vier Zapfentypen noch sehen konnten.[19] Die seit jeher überwiegend tagaktiven Vögel besitzen beispielsweise heute noch vier.[20] Die meisten, ebenfalls in spärlichen Lichtverhältnissen lebenden Meeressäugetiere haben nur noch einen Zapfentypen, und manche kommen sogar ganz ohne aus.[21, 22]

Im Gegensatz zu den meisten Säugetieren stellt sich uns Menschen die Welt jedoch in einem bunten Farbenrausch da. Warum also verrät ausgerechnet eine Fähigkeit, die uns von den noch heute nachtlebenden Säugern unterscheidet, dass unsere gemeinsamen Vorfahren aus der Dunkelheit kamen? Nun, dass wir heute wieder drei Zapfentypen besitzen, verdanken wir einer Mutation, dank derer wir im Laufe unserer Entwicklungsgeschichte die verlorenen Farben wiedererlangt haben. Nur so konnten wir uns auf das Farbsehen bei guten Lichtverhältnissen spezialisieren, unsere nachtaktiven Verwandten entwickelten dagegen gleich mehrere Anpassungen, die es ihnen ermöglichen, das spärliche Licht bei Nacht effektiver zu nutzen. Sie setzen nicht nur vermehrt auf Stäbchen – diese unterscheiden sich bei ganz genauem Hinsehen auch von unseren. Denn sie verfügen über einen speziellen molekularen Bauplan, der es ermöglicht, mehr Licht durch die Netzhaut des Auges hindurchzulassen.[23] Generell sind die Augen der Bewohner der Nacht häufig deutlich größer, und ihre Pupillen lassen sich weiter öffnen, wodurch von vornherein mehr Licht ins Auge fällt.

Eine weitere Anpassung der Augen nachtaktiver Säugetiere haben Sie bestimmt schon einmal selbst gesehen, und das ganz ohne Mikroskop. Zum Beispiel, wenn Sie nachts mit dem Auto oder Fahrrad unterwegs sind und das Licht der Scheinwerfer plötzlich leuchtende Augen im Dunkeln offenbart. Fällt Licht auf die Augen mancher Tiere, reflektieren sie es und werfen es zurück. Die Farbe des Lichtes unterscheidet sich zwischen den Tierarten und hängt von der Augenfarbe ab. Meist ist es gelb oder grün. Bei Katzen mit blauen Augen ist die Reflexion rot. Das fanden unsere abergläubischen Vorfahren im Mittelalter offenbar so unheimlich, dass sie glaubten, in den Augen der Katzen spiegelten sich die Feuer der Hölle. So dramatisch ist die Sache allerdings nicht. Das unheimliche Leuchten der Augen kommt von einer reflektierenden Schicht im Augenhintergrund, dem *Tapetum lucidum*. Dieser »leuchtende Teppich« reflektiert das Licht, ähnlich wie ein Spiegel. Dadurch verstärkt sich die Lichtmenge, die auf die Sehzellen fällt – das Auge holt also aus dem wenigen vorhandenen Licht mehr heraus. Offenbar eine sehr erfolgreiche Anpassung, denn es gibt sie im Tierreich in den unterschiedlichsten Varianten, vom Fisch bis zum Wolf. Sie ist im Laufe der Evolution mehrfach und unabhängig voneinander entstanden und, wie bei uns und den anderen Primaten, wieder verschwunden.[24] Auch die meisten Vögel verfügen über kein *Tapetum lucidum*. Eulen dagegen besitzen die reflektierende Schicht, ebenso der Ziegenmelker und andere Nachtschwalben und der Fledermausaar. Der Greifvogel gehört zu den Habichtartigen, lebt in tropischen Wäldern und hat sich ausgerechnet auf die Jagd von Fledermäusen spezialisiert.

Auch andere Arten, die überwiegend im Dunkeln unterwegs sind, verfügen über Anpassungen des Sehsinns. So können Krill, die winzigen kleinen Krebse, die von Walen in großen Mengen verspeist werden, selbst in den Tiefen arktischer Gewässer noch feinste Lichtveränderungen erfassen. Ihr scharfer Sehsinn ermöglicht es ihnen sogar, in der monatelangen Dunkelheit der arktischen Polarnacht noch den Unterschied zwischen Tag und Nacht zu erkennen.[25]

Während einige Tiere also gut darin sind, schwache Lichtverhältnisse auszunutzen, um Hell-Dunkel-Unterschiede in der Nacht besser zu erkennen, haben andere sogar das nächtliche Farbensehen auf ein neues Level gebracht. Lange hatte man angenommen, dass so wie wir auch alle anderen Tiere nachts farbenblind sind. Inzwischen wissen wir jedoch, dass dies nicht für alle Lebewesen gilt und Weinschwärmer und vermutlich auch andere Nachtschwärmer selbst bei Sternenlicht Farben unterscheiden können.[26] Auch Helmkopfgeckos gehören zu denjenigen, für die nachts nicht alle Katzen grau sind. Dank extrem lichtempfindlicher Zapfen können auch sie in der Dunkelheit Farben sehen. Möglicherweise brauchen die Geckos das Farbsehen, um ihre gut getarnte Beute in der Nacht zu finden und erfolgreich zu jagen. Sie sind die ersten bekannten Wirbeltiere, die über diese Fähigkeit verfügen,[27] selbst Katzen und Eulen – beide geschickte Nachtjäger – besitzen sie nicht.

Welche weiteren Arten die Nachtwelt wohl noch in bunte Farben auflösen können?[28] Oder über Anpassungen an die Dunkelheit verfügen, die wir gar nicht kennen? Wir wissen nur, dass die Natur so einige Sinnesleistungen in petto hat, die für uns Menschen kaum vorstellbar sind. So können einige Tiere wie Vögel, Fische und Meeresschildkröten das Magnetfeld der Erde wahrnehmen. Der Magnetsinn der Tiere gibt der Forschung noch immer Rätsel auf. Man weiß inzwischen jedoch, dass Vögel das schwache Licht des Nachthimmels benötigen, um ihren inneren Kompass nutzen zu können.[29] Sogenannte Cryptochrome, spezielle Proteine in der Netzhaut der Vögel, könnten nach aktuellen Erkenntnissen die Antwort darauf sein, wo sich ein Teil des Magnetsinns verbirgt. Sie verändern ihre Struktur auf Quantenebene, wenn sie mit einem Magnetfeld in Kontakt kommen.[30] Wie die Welt für einen Vogel wirklich durch diesen zusätzlichen Sinn aussieht, können wir natürlich nicht wissen. Einiges spricht aber dafür, dass sie das Magnetfeld der Erde tatsächlich »sehen«. Wie gerne würde ich einmal für eine Weile in den Kopf eines Zugvogels schlüpfen und die Welt aus seiner Perspektive sehen. Was uns nicht alles verborgen bleibt. Und magnetische Felder sind nicht das Einzige, was sich unserer Vorstellungskraft entzieht. So können Hammerhaie beispielsweise die feinen elektrischen Felder wahrnehmen, die jedes Lebewesen umgeben, und das Seitenlinienorgan, das Strömungen im Wasser wahrnimmt, ist ein wichtiges Sinnesorgan bei Fischen.

Wie immer in der Biologie warten hinter einem beantworteten Rätsel unzählige offene Fragen.

Es geht auch anders

Nicht alle Tiere der Nacht verfügen im Übrigen über eines der genannten Upgrades für den Sehsinn. Der Nachtsittich, die einzige andere Papageienart außer dem Kakapo, die nachts unterwegs ist, scheint seinen tagaktiven Artgenossen erstaunlicherweise in seiner Sehkraft nicht überlegen zu sein.[31]

Andere nachtaktive Vögel scheinen gar auf den Sehsinn verzichten zu können. Die flugunfähigen Kiwis ernähren sich von Insekten, die sie am Boden aufstöbern. Dafür brauchen sie einen besonders feinen Tast- und Geruchssinn, ihre Augen scheinen sie dagegen nicht zu benötigen. Als Forscher die Augen von über 150 Okarito-Streifenkiwis untersuchten, fanden sie bei etwa einem Drittel der Tiere Augenschäden. Manche Tiere waren sogar blind und kamen dennoch seit Monaten und Jahren in freier Wildbahn zurecht, fanden Nahrung und entgingen ihren Feinden.[32] So liegt die Vermutung nahe, dass Kiwis ihre Sehkraft im Laufe der Zeit verlieren könnten. Beim nördlichen Streifenkiwi sind einige Gene für Farbsicht bereits nicht mehr aktiv.[33]

In einigen Höhlen Mexikos leben Süßwasserfische, die noch einen Schritt weiter gehen. Sie verzichten gleich ganz auf Augen. Wozu braucht man schon Augen, wenn man sowieso in fast absoluter Dunkelheit lebt? Ihre Verwandten außerhalb der Höhlen besitzen Augen, und auch die Höhlenfische bilden als Embryos zuerst Augen aus, dann wird die Entwicklung aber gestoppt.[34]

Wenn das Sehen an Bedeutung verliert, treten andere Sinne in den Vordergrund, so auch bei besagten Kiwis. Während einige ihrer Gene für Farbsicht inaktiv sind, verfügen sie über besonders vielfältige Gene, die mit dem Geruchssinn zusammenhängen.[35] Der Kiwi sieht also schlecht, kann dafür aber besonders gut riechen. Das hilft dem skurrilen kleinen Vogel, seine Nahrung am Boden zu erschnüffeln. Die Nasenlöcher sitzen passend dazu an der Spitze seines langen Schnabels.

Bei uns Menschen wurden im Laufe der Evolution etwa vierzig Prozent der Gene deaktiviert, die für die Entstehung der Geruchsrezeptoren in der Nase verantwortlich sind. Die meisten nachtaktiven Säuger verfügen jedoch über feine Nasen. Hier wäre die Auswahl nun groß, um ein bestimmtes Tier beim Namen zu nennen, und sicher wären beliebtere Kandidaten dabei. Nichtsdestotrotz oder genau deswegen schauen wir uns doch mal die Ratte näher an. Ratten genießen nicht den besten Ruf, zu Unrecht, wie ich finde. Solange wir Menschen nicht überall unseren Müll herumliegen lassen oder gar ins Abwasser geben, leben die schlauen und sozialen Tiere ihr nächtliches Leben üblicherweise – ganz ohne Bekämpfung –, ohne uns zu behelligen.[36] Wie die meisten Nagetiere haben Ratten äußerst feine Näschen. Mit ihren etwa eintausend verschiedenen Geruchsrezeptoren in der Nase können sie zum Beispiel Enantiomere, also gespiegelte Varianten von Molekülen, anhand des Geruchs unterscheiden, die für uns Menschen gleich riechen.[37] Dabei bedarf es nur eines einzigen Schnüfflers, um präzise zu erkennen, worum es sich beim beschnüffelten Objekt handelt.[38] Sogar über den »Charakter« einer anderen Ratte verrät ihnen ihre Nase etwas. Ratten helfen sich beispielsweise gegenseitig bei der Fellpflege oder dabei, an Futterquellen heranzukommen. Diese Hilfsbereitschaft können Ratten offenbar riechen. In Experimenten konnte gezeigt werden, dass Ratten bevorzugt anderen Ratten helfen, die ebenfalls hilfsbereit sind. Parfümierte man nun unsoziale Artgenossen mit dem Geruch hilfsbereiter ein, wurde diesen doch geholfen.[39]

Auch wir Menschen machen uns gerne die feinen Nasen von Nagetieren zunutze. So können zum Beispiel Afrikanische Riesenhamsterratten trainiert werden, Tuberkulose oder Landminen zu erschnüffeln.[40] Im Projekt HeroRATS spüren trainierte Tiere nicht detonierte Landminen auf, indem sie die unglaublich geringe Konzentration von zehn Billiardstel Gramm TNT pro Liter Luft erkennen. Dank ihres geringen Gewichts werden die Minen nicht ausgelöst und können sicher geborgen werden.

Auch andere Tiergruppen wie Fische haben feine Nasen. Ganz besonders gut riechen können auch die Nachtfalter, doch dazu später mehr. Geruch spielt also eine große Rolle in der Nacht, doch auch andere Sinne können im Dunkeln hilfreich sein. Vielleicht ist Ihnen schon einmal aufgefallen, dass Sie die Augen schließen, wenn Sie versuchen, ein leises Geräusch zu hören. Zwar ist das bessere Hören bei geschlossenen Augen nur eine subjektive Wahrnehmung.[41] Menschen, die früh in ihrem Leben erblindet sind, hören dagegen tatsächlich nachweislich besser als Sehende.[42] So ist es wohl leicht nachvollziehbar, dass Arten, die gewohnheitsmäßig im Dunkeln leben, häufig über ein feines Gehör verfügen. Auch Hilfsmittel zum Verstärken der Geräusche finden sich hier. So dient die besondere Gesichtsform der Schleiereule dazu, den Schall zu verstärken. Die charakteristischen Pinsel auf den Ohren des nachtaktiven Luchses dienen dem gleichen Zweck und ermöglichen es ihm, auch weit entfernte Geräusche wahrzunehmen. Beim Wüstenfuchs Fennek sind die Ohren so groß, dass der halbe Fuchs aus Ohren zu bestehen scheint. Mit den riesigen Lauschern hört er zum Beispiel auf dem nächtlichen Wüstensand herumkrabbelnde Käfer – die er zum Fressen gern hat.

Ein besonders feines Gehör haben auch Fledermäuse, denen wir später noch etwas mehr Zeit widmen wollen. Doch auch ihre Beute, die Nachtfalter, nutzen ihr Gehör. Einige Falter haben die Fähigkeit entwickelt, die Frequenzen zu hören, mit denen Fledermäuse ihre Ortungsechos aussenden.[43]

Nicht jeder braucht offenbar Ohren, um zu hören. Die Netzspinne kann akustische Reize aus über zwei Metern Distanz wahrnehmen – nicht mit den Ohren, sondern mit ihren Beinen. Die Spinnen haben recht unterhaltsame Jagdtechniken entwickelt. Sie jagen laufende Beute quasi durch den Einsatz von Netzkanonen. Sie warten also nicht irgendwo entspannt, bis jemand vorbeikommt und kleben bleibt, sondern werfen nachts ihre Netze auf herumkrabbelnde Insekten. Fliegende Insekten werden mit einer Art Rückwärtssalto aus der Luft geschnappt. Das klappt auch, wenn man ihnen die Augen verschließt. Anscheinend können sie mithilfe von Haaren an den Beinen sowohl Frequenzen von Beute als auch von potenziellen Fressfeinden erfassen.[44]

Was machen Sie, wenn Sie durch einen dunklen Raum gehen, zum Beispiel, wenn Sie nachts aufwachen und sich ein Glas Wasser holen, aber das Licht nicht einschalten wollen? Nach der Lektüre über die optischen Fähigkeiten manch tierischer Nachbarn komme ich mir auf jeden Fall ein wenig lächerlich vor, wenn ich daran denke, wie ich mir mit winzigen Schritten vorsichtig um mich tastend meinen Weg durch den dunklen Flur suche. Bisher war ich davon ausgegangen, dass niemand mein unbeholfenes Manöver sieht, nun weiß ich, dass mich der ein oder andere Nachtfalter möglicherweise amüsiert dabei beobachtet.

Unser Tastsinn ist nicht schlecht, und unsere Hände sind – auch dank desselbigen – bemerkenswerte Werkzeuge. Zur Orientierung nutzen wir diesen Sinn jedoch weniger. Das sieht bei vielen der Nachtbewohner anders aus. Sie verlassen sich zum Beispiel auf spezialisierte Tasthaare – die Vibrissen –, um sich zusätzliche Informationen über ihre im Dunkeln liegende Umwelt einzuholen. Deren Wurzeln sind mit vielen, empfindlichen Nervenenden verbunden und können so feine Berührungen an das Gehirn weiterleiten. Wo steht welcher Gegenstand, bewegt sich ein potenzielles Beutetier oder ein Feind in meiner Nähe? Maulwürfe können mithilfe von Tasthaaren im Gesicht, an Pfoten und Schwanz Bewegungen im Erdreich spüren, und Nacktmulle, deren einzige Haare die Tasthaare sind, haben sogar welche im Maul. Viele Spinnentiere und Insekten erfassen mit Tasthaaren oder Fühlern ihre Umgebung. Auch Temperaturen können in der Nacht entscheidende Informationen liefern. In der Kühle der Nacht setzt sich die Körperwärme von gleichwarmen Tieren deutlich von der Umgebung ab. Wie praktisch, wenn man dann über eine Art eingebaute Wärmebildkamera verfügt. So kann die Grubenotter mithilfe von Infrarotsensoren winzige Änderungen der Umgebungstemperatur erfassen.

Die Wesen der Nacht nutzen also eine ganze Reihe von Sinnen und Anpassungen, um in dieser andersartigen Welt zurechtzukommen. Viele Anpassungen wie hoch entwickelte Tasthaare oder Ohren, die wir heute auch bei tagaktiven Arten finden, könnten Überbleibsel nachtaktiver Vorfahren sein.

Am Ende dieses Kapitels noch eine kleine Geschichte: Als eine Gruppe von Forschenden auf einer Expedition im Himalaja über Nacht campierte, wurden sie unsanft geweckt. Plötzlich durchbrach ein lauter Knall die Stille. Ein unheimliches Geräusch, fernab von Autos und anderen Geräuschen der Zivilisation. Der mysteriöse Knall war das Ergebnis der starken Temperaturschwankungen zwischen Tag und Nacht. Drastisch abkühlendes Gletschereis hatte sich so stark zusammengezogen, dass es riss – und dabei knallte.[45]

Warum erzähle ich Ihnen das? Ich finde, es zeigt, wie wenig die Welt der Nacht die unsere ist. Wie fremd wir in ihr wirken. Was das Leben im Dunkeln alles an Herausforderungen mit sich bringt, haben wir vermutlich noch gar nicht erfasst. Zu sehr assoziieren wir Nacht mit der Abwesenheit von Licht, ohne uns darüber Gedanken zu machen, was das letztlich bedeutet. Ohne andere Faktoren im Blick zu haben, die sich nachts ebenfalls unterscheiden könnten. Wie beispielsweise die Luftfeuchtigkeit oder den Wind, der nachts anders weht als am Tag, in Bodenhöhe schwächer, in höheren Lagen dagegen stärker.[46] Für uns mag das unwichtig sein, wenn Sie aber ein Vogel sind, der nachts über Kontinente hinwegzieht, ist es das nicht.

Wir alle kennen das: Ein Lichtkegel fällt ins Dunkel des Waldes, und plötzlich leuchtet ein Augenpaar in der Nacht auf. Wenn Sie dagegen einem Menschen bei Nacht mit der Taschenlampe ins Gesicht leuchten, passiert nichts. Außer vielleicht, dass besagte Person geblendet wird und – ganz zu Recht – empört aufbegehrt. Dass unsere Augen im Dunkeln nicht so reflektieren wie die mancher Wildtiere, liegt daran, dass uns die entsprechende Ausstattung im Auge fehlt. Das *Tapetum lucidum*. Diese Beschichtung auf der Innenseite des Augapfels erhöht die Lichtempfindlichkeit des Auges und verschafft ihren Trägern so eine bessere Sicht in der Nacht – und damit einen entscheidenden Überlebensvorteil.

BEWOHNER DER NACHT –
BILCHE

Nachdem wir uns die Nacht näher angesehen und uns einigen ihrer exotischen Bewohner gewidmet haben, wird es Zeit, ein paar unserer eigenen heimlichen Nachbarn genauer zu betrachten. Beginnen wir mit denjenigen, die sich so erfolgreich vor uns verbergen, dass wir sie kaum bemerken.

Von Mafiosi und Schläfern

Vor unserer Tür gibt es Vertreter einer kleinen Gruppe von Säugetieren, die vermutlich wenige Menschen in ihrem Leben schon einmal gesehen haben und die einige gar nicht kennen: die Bilche.

Bilche gehören zu den Nagetieren und werden auch Schläfer oder Schlafmäuse genannt. »Schlafmäuse« stimmt allerdings insofern nicht, als Bilche nicht näher mit den Mäusen, sondern vielmehr mit den Hörnchen verwandt sind. Die ausgezeichneten Kletterer mögen alte Wälder mit Laubbäumen, verwilderte Gärten, strauchige Wiesensäume und Hecken und ernähren sich, je nach Art, überwiegend von Nüssen, Früchten und anderer pflanzlicher Nahrung oder vorwiegend von Insekten, Weichtieren, Vogeleiern und verschiedenen Kleintieren.[1] Bilche sind mit etwa dreißig Arten weltweit vertreten, davon kommen in Mitteleuropa allerdings nur vier vor. In Deutschland sind es drei: der Siebenschläfer, der Gartenschläfer und die Haselmaus.

Alle drei sind kleine pelzige Kreaturen mit großen Augen und einem buschigen Schwanz. Sie sind auffallend niedlich anzuschauen und werden dennoch selten bemerkt, denn sie sind nachtaktiv.

Früher waren Siebenschläfer, Gartenschläfer und Haselmaus zudem häufiger in unseren Wäldern und Gärten anzutreffen, doch ihre Bestände sind teils zurückgegangen. Zusammen mit ihrer verborgenen Lebensweise sind sie für uns daher selten gesehene wilde Nachbarn. Unseren Vorfahren waren sie immerhin noch so gut bekannt, dass ihnen auffiel, dass sich die Tiere in der kalten Jahreszeit zurückziehen und sie verschlafen.

Der Siebenschläfer

Möglicherweise erhielt der Siebenschläfer, der graubraune Bilch mit den langen Schnurrhaaren, seinen Namen, da er etwa sieben Monate des Jahres verschläft. Stellen Sie sich vor, Sie würden so einen großen Teil des Jahres verpassen! Es wäre fast immer Sommer, was einerseits gar nicht so schlecht klingt. Auch den ersten Farbenrausch des Herbstes würde man noch mitbekommen. Anderseits würde man auch einen guten Teil des Herbstes verpassen und Schnee und Weihnachten sowieso. Also vielleicht ist es doch ganz in Ordnung, im Winter wach zu sein. Nach Weihnachten könnte ich persönlich dann allerdings gerne bis Ende März schlafen.

Ob dem Siebenschläfer durch sein ausgedehntes Nickerchen etwas entgeht? Wer weiß. Tatsächlich verschläft der kleine Bilch nicht nur sieben Monate, sondern je nach Verbreitungsgebiet sogar bis zu acht. Im September geht er ins »Bett«, um erst im Mai wieder aufzustehen und bei schönem Wetter in das kurze sommerliche Schläfer-Jahr zu starten.

Ein weiterer Ursprung des Namens könnte die Legende von den Sieben Schläfern sein, die sowohl dem Christentum als auch dem Islam bekannt ist und möglicherweise noch ältere Wurzeln hat. Um 500 nach Christus existierte bereits die christliche Legende der Sieben Schläfer von Ephesus.[2] Laut Überlieferung kam der römische Kaiser Gaius Decius im Rahmen der Christenverfolgung nach Ephesus. Während viele Christen unmittelbar ihr Leben ließen, wurde sieben jungen Männern aus gutem Hause die Möglichkeit gegeben, ihren Glauben zu überdenken und dem Christentum abzuschwören, um ihr Leben zu retten. Statt Abbitte zu leisten, flohen die Männer jedoch in eine Höhle in den Bergen. Kaiser Decius schickte Suchtruppen aus, um der Männer wieder habhaft zu werden, und so mussten sich die Verfolgten versteckt halten. In der Hektik der Flucht war es ihnen jedoch nicht gelungen, genügend Vorräte mitzunehmen, um in der Höhle über längere Zeit ausharren zu können. Durch Verrat fand Decius das Versteck schließlich und ließ den Eingang der Höhle in seinem Zorn mit großen Steinen verschließen, auf dass die jungen Männer darin zugrunde gehen sollten. Statt elendig zu verdursten, fielen die Sieben jedoch in einen göttlichen Schlaf, aus dem sie erst 200 Jahre später wieder erwachten, als die Stadt Ephesus christlich geworden war.

Ob nun der göttliche Schlaf der Verfolgten oder die lange Winterpause Ursprung des Namens ist, die Bezeichnung »Schläfer« scheint jedenfalls eine passende Wahl zu sein. Damit hat es der Siebenschläfer in der deutschen Sprache übrigens deutlich besser getroffen als mit seinem englischen Namen, der auf einen für den Siebenschläfer unguten Sachverhalt verweist: European edible dormouse. »Edible«, also »essbar«, ist sicherlich kein Attribut, das irgendjemand gerne im Namen tragen möchte. Aus offensichtlichen Gründen.

Trotz seines geringen Gewichts von etwa siebzig bis hundert

Gramm wurde dem Siebenschläfer in der Vergangenheit die zweifelhafte Ehre zuteil, ein beliebtes Gericht auf den Speiseplänen der Römer und Etrusker darzustellen. Egal ob gebraten, gebacken oder mit allerlei Dingen gefüllt, die Tiere waren ein häufig kredenztes Mahl.[3] Dafür wurden die Siebenschläfer nicht nur wild eingefangen, sondern auch gezielt für den Verzehr gezüchtet und anschließend gemästet. Es gab sogar einen speziellen Topf, in dem die Bilche »aufbewahrt« wurden, das Glirarium (dazu passend heißt der Siebenschläfer auf Lateinisch *Glis glis*)[4]. Das Tongefäß war innen mit Zwischenböden ausgestattet und mit Luftlöchern versehen und wurde mit einem Deckel verschlossen.[5]

Im Mittelalter wurden Siebenschläfer auch bei uns in Europa verzehrt, und noch heute gilt der Siebenschläfer in Slowenien und Italien als Delikatesse.[6] In Italien sind sowohl die Jagd auf die Tiere als auch die Mast verboten, doch es besteht ein reger Schwarzmarkt. Die 'Ndrangheta-Mafia handelt mit den Tieren und soll sie auch selbst bei festlichen Anlässen servieren. Laut der Lega italiana protezione uccelli, einer italienischen Tierschutzorganisation, werden die Tiere bei Versöhnungsbanketten aufgetischt, die dem Friedensschluss zwischen sich bekriegenden Familien dienen. Die italienische Tageszeitung *La Repubblica* berichtete beispielsweise von einer Drogenrazzia in Mafiakreisen, bei der die Polizei neben einigen lebenden Exemplaren in Käfigen mehr als zweihundert tiefgekühlte Siebenschläfer entdeckte.[7]

Wenn sie nicht durch Wilderei ums Leben kommen, müssen Siebenschläfer vor allem Hauskatzen, Marder, Eulen und gelegentlich auch Füchse fürchten. Fallen sie keinem dieser Beutegreifer oder menschgemachten Ursachen zum Opfer, können sie stolze sechs bis neun Jahre alt werden.[8] Das ist ungewöhnlich lang für ein so kleines Nagetier.

Ihr Leben ist geprägt vom Wechsel zwischen Schlaf- und Wachphase: Etwas verspätet im Frühsommer ist bei den Siebenschläfern Zeit für Frühlingsgefühle. Diese können sich auch bis in den Herbst hinziehen. Ob es allerdings überhaupt zu Nachwuchs kommt, hängt von einem skurrilen Steuerungsmechanismus ab: Nur bei einem ausreichenden Nahrungsangebot im Herbst eines Jahres entwickeln die Männchen nämlich im folgenden Frühjahr große Hoden, die bei den Bilchen offenbar für eine ausreichende Fruchtbarkeit notwendig sind.

Bei all den falschen Bauernweisheiten, die es so gibt, wie »Das Wetter am Siebenschläfertag sieben Wochen bleiben mag« oder »Ist der Siebenschläfer nass, regnet's ohne Unterlass«, wäre das doch mal Stoff für eine schöne gewesen: Je dicker die Hoden der Siebenschläfer, desto ertragreicher das Jahr. Das reimt sich zwar nicht, stimmt dafür aber immerhin.

Wenn es zur Befruchtung kommt, werden nach etwa einem Monat meist vier bis sechs winzige rosafarbene Bilch-Babys geboren. Nach einem weiteren Monat öffnen sie die Augen und beginnen feste Nahrung zu fressen. Besonders für den spät im Jahr geborenen Nachwuchs bleibt damit nur sehr wenig Zeit, sich vor dem Winter eine schützende Fettschicht zuzulegen. Kein Wunder also, dass die Tiere von Sonnenuntergang bis Sonnenaufgang fressen.[9] Dafür sind sie auf einen gut gedeckten Tisch angewiesen, und besonders gegen Ende ihrer Wach-Zeit bevorzugen sie öl- und fetthaltige Samen wie Bucheckern, Eicheln, Haselnüsse oder Kastanien. Bei ihrer Nahrungssuche sind sie dabei manchmal alles anderes als leise. Gelegentlich veranstalten sie solch einen Lärm, dass Menschen, die die Geräusche am Haus oder im Garten hören, sie für Einbrecher halten.

Als Kulturfolger sind sie durchaus in der Nähe der Menschen anzutreffen, auch wenn sie selten sichtbar sind. Zuweilen suchen sich Siebenschläfer ihre Winterquartiere in Dachstühlen, aber auch Vogelhäuschen und Baumlöcher nutzen sie gerne. Jungtiere überwintern im ersten Jahr gemeinsam mit ihrer Mutter.

Wenn sie nicht in Dachstühlen, Nistkästen oder Baumlöchern überwintern, nutzen Siebenschläfer zudem ein wirklich unerwartetes Winterquartier für einen Baum- und Strauchbewohner: Sie schlafen unter der Erde. Dafür graben sie einen schmalen Tunnel ins Erdreich, der hinter ihnen wieder zufällt. In dreißig Zentimetern bis einem Meter Tiefe rollen sich die Tiere in einer Höhle, die kaum größer ist als sie selbst, zu einer flauschigen Kugel zusammen. Um über Monate im Boden zu überleben, fahren sie ihren Stoffwechsel drastisch zurück. Ihre Körpertemperatur sinkt in etwa auf die Umgebungstemperatur im Boden. Zwischen zwei Atemzügen vergehen mehrere Minuten, und ihr Herzschlag verlangsamt sich von 300 auf 5 Schläge in der Minute.

Was im Winterschlaf vieler Säugetierarten jedes Jahr aufs Neue passiert, grenzt an ein Wunder, denn für uns Menschen wären solche physiologischen Veränderungen undenkbar. Würde unser Herzschlag so drastisch verlangsamt, die Körpertemperatur so massiv fallen oder unsere Atmung so lange aussetzen, wären wir tot – in allen genannten Fällen. Für Winterschläfer ist dieser außergewöhnliche Zustand jedoch ein normaler Teil ihres Daseins und sichert ihnen das Überleben in langen Phasen ohne ausreichende Nahrung in ihrem natürlichen Lebensraum. Wovon soll man, beziehungsweise Bilch, leben, wenn es im Winter beispielsweise nicht mehr ausreichend Früchte und Samen gibt?

Die Strategie, diese beschwerliche Zeit kurzweg zu verschlafen, könnte indes in der Evolution vor deutlich längerer Zeit entstanden sein, als man bislang dachte. Der älteste gesicherte Nachweis eines Winterschläfers wird auf etwa 2,6 Millionen Jahre vor unserer Zeit datiert. Ein einzelner Schneidezahn verrät durch saisonale Wachstumsspuren, dass sein urzeitlicher Träger bereits Winterschlaf hielt, ähnlich wie man den Jahreszeitenverlauf in den Ringen eines Baumes sehen kann. Dass es diese Überwinterungsstrategie noch früher gegeben haben könnte, erschlossen sich Forscherinnen des schweizerischen Jurassica Museums in Porrentruy und der Université de Fribourg nun jedoch auf andere Weise. Sie gingen der Entwicklungsgeschichte der Bilche auf den Grund und begutachteten in kleinteiliger Arbeit über 500 fossile Zähne ihrer Nager-Vorfahren. Anhand der Beschaffenheit, Form und Größe der Zähne konnten die Forscher die verwandtschaftlichen Beziehungen ihrer ehemaligen Träger rekonstruieren. Sie entdeckten, dass besonders in kalten Erdperioden vermehrt neue Arten entstanden und die Vielfalt der Bilch-Vorfahren sogar wuchs, obwohl bekannt ist, dass viele Spezies anderer Artengruppen in solchen Phasen vom Angesicht des Planeten verschwanden. Die Forscher vermuteten daher, dass die Fähigkeit zum Winterschlaf bereits damals, vor über 30 Millionen Jahren, entstand und den Tieren einen entscheidenden Vorteil in der Kälte brachte.[10]

Die träumenden Siebenschläfer vor unserer Haustür interessiert das freilich wenig. Sie tun, was ihnen angeboren ist, und verschlafen den Winter, und wenn die Zeit zum Aufwachen im neuen Jahr gekommen ist, graben sie sich aus ihren Erdhöhlen langsam wieder an die Oberfläche.

Eine Gestalt, die nach Monaten im Boden die Erde durchbricht und sich ins Freie wühlt, das verbinden wir wohl vor allem mit Zombie-Filmen. In diesem Fall ist die Gestalt, die erscheint, allerdings viel zu niedlich, um in das besagte Genre zu passen.

Einmal wach, geht es wieder von vorne los: Frühlingsgefühle, Jungtiere großziehen, Nahrung suchen, Fettreserven anfuttern. Der Kreislauf eines Siebenschläfer-Lebens, das sich überwiegend im Dunkeln abspielt. Gelegentlich kann man die Tiere auch in der Dämmerung sehen; die besten Chancen haben Hausbesitzer mit wildtierfreundlich gestalteten Gärten.

Wer keinen Garten hat, aber die Tiere einmal live sehen möchte, kann dies zumindest via Video-Stream tun. Denn der NABU Verband Leverkusen betreibt seit einigen Jahren ein öffentliches Siebenschläfer-Watching. Auf der Website der Naturschutzorganisation findet man viele Videos der possierlichen Tiere aus den letzten Jahren. Von Juni bis Mitte Oktober kann man die Tiere außerdem live in ihren Schlafhöhlen beobachten, von 7 bis 23 Uhr.[11] Einem Siebenschläfer beim Träumen zusehen, kann es etwas Entspannenderes geben?

Heimliche Nachbarn

Der Gartenschläfer

Während der graubraune Siebenschläfer als häufig gilt, ist beim Gartenschläfer in den letzten Jahrzehnten ein besorgniserregender Rückgang festzustellen.[12] Auf der Roten Liste der bedrohten Tierarten wird er als potenziell gefährdet geführt,[13] wobei wir – wie so oft, wenn es um die Bestände unserer einheimischen Arten geht – viel zu wenig darüber wissen, wie es den Tierpopulationen geht.[14]

In Deutschland ist der Gartenschläfer nur noch flickenteppichhaft verbreitet, zum Beispiel in den Weinbergen Südwestdeutschlands, im Harz, im Fichtelgebirge und im Bayerischen Wald. Sein Verbreitungsgebiet ist gegenüber den 1970er-Jahren bereits um die Hälfte zurückgegangen. Entsprechend ist er auf der Roten Liste der Säugetiere Deutschlands, anders als auf der internationalen Liste, als stark gefährdet eingestuft.[15] In der Slowakei, Litauen und Finnland gilt er als ausgestorben.[16]

Nur selten bekommt man den kleinen Bilch mit der interessanten Gesichtszeichnung zu sehen. Dass er von der Deutschen Wildtierstiftung zum Tier des Jahres 2023 gewählt wurde, könnte ihn zumindest etwas bekannter machen.[17]

Knopfaugen und Wuschelschwanz hat der Gartenschläfer mit dem Siebenschläfer gemein, allerdings sind seine Ohren deutlich größer, und von der Nase über die Augen bis zu den Ohren trägt er jeweils einen schwarzen Streifen. Diese Maske macht ihn unverwechselbar mit dem Siebenschläfer und verleiht ihm, selbstredend, zusätzlich Charisma. Er ist etwas kleiner und leichter als sein Kollege und insgesamt etwas bunter gefärbt: Wie bei einem kleinen Löwen thront am Ende seines langen Schwanzes eine Quaste. Der Schwanz ist fast genauso lang wie das Tier selbst und auf der Oberseite an der Schwanzwurzel braun, in Richtung Quaste zunehmend schwarz gezeichnet. Die Unterseite ist dagegen cremefarben bis weiß. Der kontrastreiche Look setzt sich auch am Körper fort, wo helle Flecken sich vom Bauch aus in das graubraune bis rotbraune Rückenfell ziehen. Seine Tasthaare sind länger als der Kopf mit der rosafarbenen Nase.

Wie sein Name verrät, findet man den Gartenschläfer unter anderem in Hausgärten und Obstgärten, allerdings sind ursprüngliche Laub- und Nadelwälder sein hauptsächlicher Lebensraum. Anders als die überwiegend vegetarisch lebenden Siebenschläfer sind Gartenschläfer Allesfresser, die sich vorwiegend von Insekten, Würmern, Schnecken und anderen kleinen Tieren ernähren. Daher trifft man sie auch viel häufiger am Boden an als andere Bilche. Trotzdem sind sie hervorragende Kletterer, die ihren langen Schwanz zum Ausbalancieren nutzen können.

Wie die Siebenschläfer sind auch Gartenschläfer Sommerkinder und halten einen ausgedehnten Winterschlaf. Als Winterquartiere dienen meist Baumhöhlen oder Felsspalten, aber auch Mauerritzen an alten Gebäuden. Wenn es im Sommer mal einige Schlecht-Wetter-Tage gibt, gehen Gartenschläfer kurzerhand wieder zurück ins Bett und schlafen ein paar Tage, bis Besserung in Sicht ist.

Im Frühsommer wird es dann auch für den Gartenschläfer Zeit, sich an die Familienplanung zu machen. Dabei finden Männchen und Weibchen auf interessante Art und Weise zueinander:

Sie kennen sicherlich das Klischee von Männern, die Frauen hinterherpfeifen. Beim Gartenschläfer ist das andersherum. Die Weibchen pfeifen, um den Männchen ihre Paarungsbereitschaft zu signalisieren. Neben den Pfiffen haben die kleinen Plaudertaschen eine ganze Reihe weiterer Laute im Repertoire. Diese erinnern unter anderem an ein Quieken, Murmeln, Grunzen oder Knarren. Ihre Redseligkeit könnte im Übrigen zukünftig dabei helfen, Vorkommen der Tiere auszumachen. Ähnlich wie bei Vogelstimmen könnten Audioaufnahmen zeigen, ob die Tiere in einem Gebiet leben.

Bürgerwissenschaften

»Die SOKO Gartenschläfer bittet um Ihre Mithilfe. Gesucht wird Gustav G. Wer kann sachdienliche Hinweise geben? Können Sie Angaben zum Vermissten machen? Haben Sie Gustav G. gesehen? Die SOKO Gartenschläfer hofft auf Ihre Hinweise.« Mit diesen Worten beginnt das Video eines Forschungsprojektes zum Gartenschläfer, mit dem ebenfalls kriminalistisch anmutenden Titel »Spurensuche Gartenschläfer«. Neben Bildern des Tieres sieht man einen eingeblendeten Text. Er lautet

»Die SOKO Gartenschläfer wendet sich mit dieser offiziellen Beschreibung des Gesuchten an die Öffentlichkeit und bittet um Ihre Mithilfe!«

Was humorvoll aufgezogen ist, hat einen ernsten Hintergrund: den besagten Rückgang der Tiere und die ebenfalls erwähnte Wissenslücke über die Verbreitung der Art. Um Letzteres zu ändern und auch die Ursachen für den Rückgang der Gartenschläfer näher unter die Lupe zu nehmen, wurden also Bürgerinnen gebeten, bei der Suche nach den Tieren mitzuwirken.

Citizen Science, zu Deutsch Bürgerwissenschaften, nennt sich die Disziplin, in der Laien zur Forschung beitragen. Citizen Science gibt es in den verschiedensten Formen und bei Weitem nicht nur in der Biologie.

Tausende Freiwillige helfen beispielsweise dabei, Sammlungen von Museen und Gemäldegalerien zu digitalisieren, indem sie online Fotos von Gemälden durchklicken und diese dann in wenigen Schlagworten beschreiben. Dadurch, dass jedes Bild von mehreren Personen betrachtet und beschrieben wird, ergibt sich aus den häufig genannten Beschreibungen ein präziser Eindruck dessen, was das Gemälde zeigt, und liefert die richtigen Referenzwörter für die digitale Sammlung. In anderen Projekten helfen Menschen dabei, den Geschmackssinn zu erforschen,[18] die Geschichte jüdischer Familien und Orte von kultureller Bedeutung in Deutschland zu entdecken und sichtbar zu machen[19] oder historische nieder- und hochdeutsche Handschriften zur Hansegeschichte aus bislang unerschlossenen Archiven zu entziffern und in moderne Schrift zu übertragen.[20] Es gibt Projekte für bestimmte Zielgruppen oder Regionen, Projekte für Erwachsene und für Kinder. Für Letztere zum Beispiel die Initiative »Plastikpiraten«, bei der sich Schulklassen der Umweltverschmutzung durch Plastik widmen.[21]

In den Biowissenschaften haben Citizen-Science-Projekte eine lange Tradition. Letztlich gab es Bürgerwissenschaftler lange bevor man begann, den Begriff zu verwenden, etwa durch Ehrenamtliche, die sich in verschiedensten Naturverbänden engagierten. Die Spanne reicht vom Mückenatlas, der mithilfe eingesendeter Stechmücken die Verbreitung von Krankheiten untersucht, über die Stunde der Gartenvögel des NABU, bei der deutschlandweit zur gleichen Zeit Singvögel dokumentiert werden, bis zur Betreuung städtischer Mikro-Grün-Strukturen. Menschen kartieren Pflanzen, bestimmen Tiere auf Wildkamerafotos, messen den Trockenstress von Stadtbäumen oder machen phänologische Beobachtungen, bei denen Freiwillige das erste Auftauchen verschiedener Pflanzen im Jahresverlauf dokumentieren. Projekte zur Nacht und zu nachtaktiven Arten gibt es ebenfalls. Schauen Sie doch mal auf der Plattform BürgerSchaffenWissen vorbei, dort findet man einige der Angebote.

Bürgerwissenschaften-Projekte profitieren von Schwarmintelligenz, zusätzlichen Augen und Händen. Für diejenigen, die mithelfen, bringen sie meistens Spaß, Gemeinschaft und die Möglichkeit, eigenen Interessen nachzugehen. Ein schöner Ansatz, warum also sollte dieser nicht auch dabei helfen können, dem Gartenschläfer vor unserer Haustür auf die Spur zu kommen?

In einem gemeinsamen Projekt von Wissenschaft und Umweltverbänden wurden Bürger aufgefordert, Sichtungen von Gartenschläfern auf einem Portal einzutragen. Außerdem betreuten Freiwillige Spurentunnel. Diese werden an beliebten Plätzen der Tiere angebracht, bei Igeln zum Beispiel auf dem Boden, entlang von Heckensäumen, beim Gartenschläfer werden sie in Bäumen direkt an den Ästen befestigt. Es gibt verschiedene Bauweisen, doch meist befindet sich in der Mitte des Tunnels etwas Farbe, die den Tieren beim Durchqueren an den Pfoten haften bleibt. Wie eine Art Stempelkissen färbt sie deren Fußsohlen, und die Tiere hinterlassen ihre Fußabdrücke auf Papierstreifen am Boden der Vorrichtung. Mithilfe dieser Spuren kann dann identifiziert werden, wer den Tunnel passiert hat.

So etwas ist zeitaufwendig und von einem kleinen Forscherteam alleine nicht zu bewältigen. Gut also, dass die Bürger mithelfen konnten – und das mit Erfolg. Etwa 450 Ehrenamtliche und 4500 Bürgerwissenschaftlerinnen beteiligten sich im Projekt, bislang gingen über 6000 Hinweise auf Gartenschläfer ein. So konnten die Forschungen der Wissenschaftler zu Lebensraumanalysen, Ernährung, Krankheiten und Genetik der Gartenschläfer um einige Erkenntnisse zur Verbreitung der Tiere ergänzt werden.

Bislang haben die Forschenden herausgefunden, dass Gartenschläfer vorrangig im Siedlungsraum noch vorkommen, während sie aus den Mittelgebirgen verschwinden. Zu schaffen machen ihnen vor allem die Forstwirtschaft, das Insektensterben und der Einsatz von Giften. In den »aufgeräumten« Wäldern, die vor allem der Waldwirtschaft dienen, finden die Bilche nicht mehr genügend Nahrung und Verstecke. Für viele Tierarten dienen Städte heute als Oasen oder Rückzugsorte in einer verarmten Naturlandschaft. Doch dort sind Belastungen durch Gifte und Schadstoffe hoch, und die Stadt ist kein einfaches Pflaster für Wildtiere. Außerdem mögen es Gartenschläfer dunkel; bei Untersuchungen in ihren natürlichen Verbreitungsgebieten fand man heraus, dass die Geschöpfe der Nacht sogar vom Mond erhellte Nächte mieden.[22] Wem der Mond schon zu hell ist, der hat es mitten in der Stadt sicherlich nicht leicht. Langfristig reichen solche Insel-Habitate aber ohnehin nicht aus, um die Population zu erhalten.

Mithilfe der Ergebnisse der Spurensuche Gartenschläfer und einer erhöhten Aufmerksamkeit in der Bevölkerung soll der

Gartenschläfer nun besser geschützt werden. Auf der Projekt-website finden sich dazu viele Anregungen. Unter anderem werden beispielsweise Wildtierauffangstationen darin geschult, hilflos aufgefundene Tiere zu päppeln und wieder auszuwildern. Gartenbesitzer werden über mögliche Schutzmaßnahmen informiert.

Falls Sie Ihren Garten Bilch-freundlich gestalten wollen, können Sie auf die folgenden Dinge achten: Pflanzen Sie einheimische Hecken und Stauden, pflegen Sie lieber Wildblumenwiesen als einen englischen Rasen und nutzen Sie kein Gift. Alte Obstbäume und dichte Hecken sind besonders wertvoll. Steinhaufen und Nistkästen aus rauem, ungehobeltem Holz können zusätzlich als Schlafplätze dienen. Außerdem unbedingt die Regentonnen abdecken. Diese sind sonst nicht nur für den Gartenschläfer, sondern auch für viele weitere Wildtiere eine tödliche Falle. Je naturnäher Ihr Garten gestaltet ist, desto eher kann er dem Gartenschläfer ein Heim bieten und mit ihm auch anderen Wildtieren und Bewohnern der Nacht.

Die Haselmaus

Unser letzter Bilch unterscheidet sich optisch deutlich von den beiden anderen Protagonisten: Das Fell der Haselmaus ist ockerfarben, im Licht wirkt es leuchtend goldbraun. Bauch und Halsbereich sind etwas heller gefärbt. Ihren langen, buschigen Schwanz kann sie wie eine Decke nutzen, um sich vor kalten Temperaturen zu schützen. Auch außerhalb der Winterschlafphase müssen Haselmäuse hin und wieder ihren Stoffwechsel dämpfen, um kalte Tage zu überstehen, oder sie legen wegen Nahrungsmangel eine Pause ein, um Energie einzusparen, die ihr schneller Stoffwechsel sonst verbrauchen würde. Die Tiere fallen in den sogenannten Torpor, eine Art vorrübergehende Starre, die physiologisch einem kurzen Winterschlaf ähnelt. Dafür rollen sie sich ein und nutzen ihren Schwanz als flauschigen Schlafsack. Sie legen ihn zwischen den Hinterbeinen hindurch am Bauch entlang bis über den Kopf. Dadurch bildet der Schwanz eine Wärmekammer mit einem Luftpolster. Das Bild einer so eingemummelten Haselmaus ist wirklich niedlich, schauen Sie es sich doch mal an.

Das mit dem Anschauen wird wohl am ehesten im Internet klappen, denn obwohl Haselmäuse nicht gefährdet sind,[23] lassen sie sich nur selten und extrem schwer finden. In Deutschland stehen sie auf der Vorwarnliste für eine Gefährdung. Doch selbst da, wo sie vorkommen, ist es eine Herausforderung, die Tiere zu finden.

Haselmäuse sind kleiner als ihre Bilchverwandten, die Fliegengewichte bringen gerade einmal 15 bis 35 Gramm auf die Waage. Damit erweitert sich auch der Kreis ihrer Fressfeinde von Eulen, Mardern und Füchsen um das ebenfalls sehr zierliche, aber erfolgreich jagende Mauswiesel und das Hermelin. Wenn sie Pech haben, werden Haselmäuse zudem während des Winterschlafs von Wildschweinen ausgegraben und verspeist. Friedlich im Schlaf zu sterben, stellt man sich anders vor.

Ihr Leben verbringen die scheuen Wesen überwiegend in dichten Hecken und Sträuchern, deren schützende Deckung sie kaum je verlassen. Dort verschlafen sie auch den Tag, um sich dann, wenn die Nacht hereingebrochen ist, im Strauchwerk auf Nahrungssuche zu machen oder ihr Revier zu markieren. Zu Insekten, Nüssen und anderen Baumfrüchten kommen beim Speiseplan der Haselmaus noch Nektar und Pollen dazu. Sie lieben Holunder, Faulbaum, Brombeere und Haselstrauch, fressen Triebe, Knospen, Blätter, Früchte und Samen.[24]

Ihre Anwesenheit verrät sich uns meist nur durch die Spuren, die sie, zum Beispiel beim Fressen, hinterlassen. Besonders auffällig sind Haselnüsse, in die ein oft wie mit dem Zirkel gezogen wirkendes, kreisrundes und glatt umrandetes Loch genagt wurde. Wirkt das Loch eher ungleichmäßig und grob herausgenagt, war wohl eine Maus am Werk, beim Eichhörnchen fehlt gleich die halbe Nussschale.

Haselmäuse sind fingerfertige Baumeister, die auf versteckte Immobilien spezialisiert sind. Ihre Nester bauen sie beispielsweise gerne in dichte Brombeerhecken. Geschickt flechten sie ihren Kobel aus Laub und Gras zwischen die Zweige, der im Inneren sogar mehrere Kammern hat. So können sie im kuschelweichen Zuhause mit dornenbesetzter Verteidigungsanlage den Tag verschlafen.

Auch in Baumhöhlen und Vogelnistkästen legen sie ihre Nester an. Im Inneren dieser Kobel werden auch die Jungtiere großgezogen. Beim Bau ihrer Behausungen helfen ihnen, ebenso wie beim Erklettern glatter Zweige, ihre beweglichen Pfoten. Wie wir Menschen und nur wenige andere Vertreter des Tierreichs können sie ihre Finger einander gegenüberstellen (entsprechend unserem opponierbaren Daumen). Die Kobel sind die Sommerhäuser der Haselmaus. Für den Winterschlaf benötigen sie Laub und Reisig, um Bodennester zwischen Wurzeln, in Erdhöhlen und unter Baumstümpfen zu bauen, wo sie, vorausgesetzt es kommt keine Wildschweinrotte vorbei, bis zum Frühling schlafen.

Auch zur Haselmaus gab es übrigens bereits Bürgerwissenschaften-Projekte, zum Beispiel das Schweizer Projekt Auf zur Nussjagd. Daneben wurden klassische wissenschaftliche Untersuchungen durchgeführt, auch wenn die Bilcharten im Vergleich zu vielen anderen vor allem tagaktiven Arten noch immer wenig untersucht sind. So deuten beispielsweise neuere genetische Funde darauf hin, dass es sich bei dem Tier, das wir als »die

Haselmaus« bezeichnen, möglicherweise nicht nur um eine, sondern um zwei verschiedene Arten handeln könnte. Laut Erbgutanalysen gibt es zwei unterschiedliche genetische Linien bei der Haselmaus, die sich wohl schon vor über fünf Millionen Jahren getrennt haben. Ob die beiden Gruppen tatsächlich getrennten Arten angehören, bleibt strittig.[25] Verschiedene Gene, ein unterschiedliches Äußeres, Fortpflanzungsfähigkeit oder individuelle Verhaltensmuster – was eine »eigene Art« auszeichnet, ist eine Frage der Betrachtung. Daher ist es manchmal gar nicht so einfach, festzustellen, ob man verschiedene Arten betrachtet oder nur Varianten ein und derselben.

Klar ist inzwischen jedoch, dass unsere Bilche und ihre Vorfahren schon sehr lange Teil des Tierreichs sind. Während viele Linien der artenreichen Nagetiere im Verlauf der Erdgeschichte kamen und gingen, reichen ihre Anfänge mehr als 50 Millionen Jahre in die Urzeit zurück. Damit sind die Bilche die einzige noch existierende Arten-Familie der Nagetiere, die schon damals die Erde bevölkerte.

Wie ihre Bilch-Kollegen benötigt auch die Haselmaus strukturreiche, intakte Habitate mit vielfältigen Bäumen und Sträuchern. Wir müssen der Verarmung unserer Landschaften entgegenwirken und wieder mehr wilde Natur zulassen, wenn ihre lange evolutionäre Erfolgsgeschichte kein jähes Ende finden soll. Egal ob flinke Haselmaus, gewitzter Siebenschläfer oder seltener Gartenschläfer, unsere heimischen Bilche bleiben schwer fassbare Nachtwesen. Hoffentlich können wir sie schützen, bevor sie still und heimlich aus der Welt verschwinden.

FUN FACT
KLEBE-FÜSSE

Siebenschläfer sind hervorragende Kletterer. Die kleinen, grauen Nagetiere verbringen einen Großteil ihres Lebens in den Ästen von Bäumen und Sträuchern. Dass sie so gut klettern können, verdanken sie nicht nur ihren muskulösen Beinen und dem langen Schwanz, sie produzieren quasi ihren eigenen Klebstoff. Mithilfe von Drüsen an ihren Pfoten wird ein Sekret verteilt, das verhindert, dass die Tiere auf zu glatten Oberflächen den Halt verlieren und abstürzen.[26]

WARUM TIERE NACHT-
AKTIV SIND UND WAS
DIE DINOSAURIER DAMIT
ZU TUN HABEN

Die Anpassungen nachtaktiver Tiere an die Dunkelheit zeigen uns, dass Leben in der Nacht kein neuzeitliches Phänomen ist, sondern es eine lange Geschichte hat. Lange genug, um der Evolution Zeit zu geben, durch Versuch und Irrtum, durch Vielfalt und Auslese Merkmale zu entwickeln, die in der Nacht von Vorteil oder gar überlebenswichtig sind. Man wacht schließlich nicht einfach eines Tages auf und hat leuchtende Netzhäute oder riesige Augen.

Wie kam es dazu, dass gerade die Säugetiere überwiegend nachtaktiv sind? Schauen wir uns die Entstehung unserer evolutionären Verwandten einmal näher an, und weil Zahlen allein immer so wenig greifbar sind, machen wir bei der Gelegenheit einen kleinen Spaziergang durch die Urzeit. Also, los geht's.

Vom Schattendasein
zum Siegeszug

Mit nur etwa 6500 Arten sind die Säugetiere eine eher kleine Gruppe im Tierreich.[1] Zum Vergleich, es gibt in Deutschland etwa 7000 verschiede Käferarten, also mehr, als es Säugetierarten auf dem gesamten Planeten gibt. Dabei sind die Käfer nur *eine* Gruppe der Insekten, und Deutschland nimmt natürlich nur einen kleinen Teil der Erdoberfläche ein. Allein 350 000 Käferarten sollen es weltweit sein. Nun wissen wir bereits, dass die Insekten bei Weitem die artenreichste Tiergruppe des Planeten sind, deshalb kann der Vergleich nur beeindruckend ausfallen. Dennoch sind die Säugetiere, zu denen auch wir Menschen biologisch gehören, nur ein winziger Pinselstrich im großen Gesamtkunstwerk des Lebens, machen sie doch nicht mal ein halbes Prozent der beschriebenen Tierarten aus.

Und doch spielen sie in unserer Wahrnehmung der Tierwelt wohl die prominenteste Rolle. Möglicherweise sind sie uns irgendwie am nächsten, nicht nur genetisch, sondern auch emotional. Darüber hinaus dominieren sie eindrücklich die Natur unseres Erdzeitalters: Obwohl sie sich an Land entwickelten, wo sie noch immer am artenreichsten vertreten sind, haben sie auch das Wasser und die Luft als Lebensraum für sich erobert. Sie haben alle Kontinente und die meisten Inseln besiedelt, bewohnen Meere, Seen und Flüsse, Wüsten, Steppen, Gebirge, Wälder, die Polarregionen und nicht zuletzt urbane Räume. Ganz nebenbei haben sie extrem leistungsfähige und anpassungsfähige Gehirne entwickelt.[2]

Die Vielfalt der Anpassungen an ihre Umwelt ist einzigartig, und auch wenn kleine Arten insgesamt überwiegen, stehen Säugetiere in vielen Lebensräumen an der Spitze der Nahrungskette. Die größten lebenden Vertreter des Tierreichs zu Wasser und zu Land gehören zu den Säugetieren, und viele weitere erreichen beachtliche Größen. Eine Giraffe mit ihren fast sechs Metern Höhe könnte bei einem zweistöckigen Gebäude mit Flachdach bequem ihren Kopf zum Sonnen auf dem Dach ablegen. Die imposanten afrikanischen Elefanten bringen sechs Tonnen Gewicht auf die Waage, und ihre größten Vertreter, in der Etosha-Ebene im Norden Namibias, erreichen Körpergrößen von bis zu vier Metern. Neben dem Blauwal mit seinen über dreißig Metern Länge erscheint auch das winzig, und so muss der Wal wohl dankbar für die physikalischen Eigenschaften des Wassers sein, wäre er doch an Land mit seinen zweihundert Tonnen Körpergewicht nur ein großer platter Haufen. An Land gibt es neben Giraffe und Elefant noch eine Reihe weiterer, beeindruckend großer Arten, und so mag es wie eine banale Erkenntnis klingen, dass die Säugetiere die größten Vertreter unter den Tieren stellen. Das war allerdings nicht immer so.

Ein Waldspaziergang in der Urzeit

Um der Nachtaktivität vieler Säugetiere auf die Spur zu kommen, müssen wir einen Schritt zurück machen. Einen verdammt großen Schritt, bis ins Erdmittelalter. Nicht zu verwechseln mit dem kulturellen Mittelalter der Menschen, das im Vergleich dazu erst einen Wimpernschlag zurückliegt. Stellen Sie sich vor, Sie bummeln durch die Regale einer öffentlichen Bibliothek, vorbei an Abertausenden von Büchern. In unserem Rechenbeispiel ist es die Stadtbibliothek von Braunschweig mit etwa 165 000 ausleihbaren Büchern.[3] Denken Sie an die vielen, vielen Bücher, wie sie in meterlangen Regalen den Raum füllen. Haben Sie ein Bild vor Augen? Würden all diese Bücher die Geschichte der Welt seit dem Erdmittelalter erzählen, dann würde die Zeit vom kulturellen Mittelalter der Menschen bis zu dem Moment, in dem Sie diese Zeilen lesen, nicht einmal einen Band füllen. Nur ein einziges Buch beinhaltete alles – von mittelalterlichen Schlachten bis zum Mars-Rover. Alleine dem Erdzeitalter des Jura, dessen Name einigen durch die *Jurassic Park*-Filme ein Begriff sein dürfte, würden sich dagegen mehr als 40 000 Bücher widmen. In genau dieses Erdzeitalter wollen wir nun blicken.

Wir gehen zurück in eine Zeit vor etwa 175 Millionen Jahren, in den unteren Jura: Es ist warm, und die Luft ist schwül. Das Land ist von riesigen Mammutbäumen, Kiefern und anderen Nadelbäumen bedeckt. In den tieferen Schichten des Waldes, in den wir blicken, füllt sattes Grün den freien Raum zwischen mächtigen Stämmen. Große Palmfarne bilden ein dichtes Blätterdach in einigen Metern Höhe, und krautige Farne, Moose und Schachtelhalme bedecken den Boden. Am Tage ziehen jenseits der Bäume riesige Gestalten mit langen Hälsen umher. Die friedlichen Giganten müssen unentwegt fressen, um genügend Pflanzen aufzunehmen und ihre massigen Körper zu versorgen. Am Himmel kreisende Flugsaurier lauern auf Beute und am Boden, zwischen den Farnen sind kleinere, wendige und nicht minder gefährliche Fleischfresser auf der Jagd.

Im Schatten der Farne bewegt sich etwas zwischen Tannennadeln und Moos. Im satten Grün wird plötzlich etwas Ungewöhnliches sichtbar, das nur wenige Tiere dieser Zeit auszeichnet – ein Stückchen Fell. Kurz ist eine kleine, spitze Nase zu sehen, dann ist sie wieder verschwunden.

Als es langsam dunkel wird, taucht die Nase wieder auf. Sie befindet sich an einer langen, spitzen Schnauze, gespickt mit verschiedenartigen Zähnen. Ein bepelztes Gesicht mit Knopfaugen schiebt sich aus dem Unterholz ins Freie, es gehört *Megazostrodon.*

Megazostrodon – ein Name, der eigentlich etwas Gewaltigeres vermuten lässt als dieses langgezogene, irgendwie niedliche Tier – ähnelt einer Mischung aus Erdmännchen und Spitzmaus. Seine Nahrung sind Insekten, die es nun schnüffelnd aufstöbert und nach erfolgreichem Fang mit seinen Backenzähnen knackt. Zur gleichen Zeit sind nur wenige Schritte entfernt weitere bepelzte Zeitgenossen im Unterholz unterwegs. Ein Sammelsurium an kleinen Arten unterschiedlichster Natur belebt den nächtlichen Wald.

Sie gehören verschiedenen Familien und Stammbäumen an, tragen jedoch alle ein Haarkleid, und im Gegensatz zu den Dinosauriern haben sie spezialisierte Zähne, die zunächst als Milchgebiss und später dauerhaft im Kiefer stehen, anstatt kontinuierlich zu wachsen. Kleine Experimente der Evolution.

Einige werden in wenigen Jahren wieder verschwunden sein, andere erst nach Jahrmillionen. Wieder andere haben eine lange Reise vor sich. Diese Kreaturen sind neu in der Welt, sie sind unscheinbar, und sie leben in der Dunkelheit, aber ihre Nachfahren werden die Dinosaurier überdauern.

Auch wenn die Blütezeit der Dinosaurier – hier in diesem Urwald vor 175 Millionen Jahren – gerade erst beginnt und noch viele Millionen Jahre Bestand haben wird, tritt zwischen Zweigen und Farnen ein neues Design in Gestalt eines kleinen, bepelzten Tiers, im Schutze der Nacht, seinen evolutionären Siegeszug an.

Wie *Megazostrodon* in etwa ausgesehen hat, konnte nur anhand von Knochen und Zahnfunden rekonstruiert werden, und über sein Leben wissen wir nicht viel. Die Umstände ihres Todes konservierten ihn und seine Zeitgenossen und schenken uns so einen kleinen Blick in die Vergangenheit. Zur Entstehungsgeschichte der frühen Säugetiere gibt es sicherlich mehr Fragen als Antworten, und je mehr fossile Funde auftauchen, desto genauer wird unser Bild. Manchmal müssen Geschichten auch umgeschrieben werden, so auch das Bild unserer entfernten Vorfahren. Insbesondere Funde der letzten beiden Jahrzehnte beweisen, dass die Vielfalt unter den frühen Säugetieren – und Übergangsarten auf dem Weg zu den Säugetieren – weit größer war als lange gedacht.[4] So gehörte wohl auch *Megazostrodon* zu einer frühen Seitenlinie der Säugetierartigen, derer noch viele auftauchen und wieder verschwinden sollten. Eine große Palette solcher Arten entwickelte sich im Schatten der Dinosaurier und wies teils bereits komplexe Merkmale der späteren Säugetiere auf.[5] Es gab gleitende, kletternde und grabende Vertreter und sogar Tiere, die heutigen Dachsen und Bibern ähnelten.[6] Einige Funde samt Mageninhalt zeigen, dass es sogar Arten gab, bei denen kleine Dinosaurier auf dem Speiseplan standen.[7] Nicht immer waren die frühen Säugetiere also am Ende der Nahrungskette. Meistens jedoch schon. Denn für viele Millionen Jahre wog vermutlich eine große Zahl ihrer Vertreter nur wenige Gramm.[8]

Das Blatt wendet sich

Wie die frühe Säugetierfauna am Ende der Trias und Beginn des Juras (vor etwa 200 Millionen Jahren) genau aussah, wissen wir letztlich nicht. Klar ist jedoch, dass die damalige Welt von Dinosauriern dominiert wurde,[9] die im Jura geradezu aufblühten und in den folgenden Millionen Jahren bis zum Ende der darauffolgenden Kreidezeit eine enorme Vielfalt entwickelten.[10] Ohne Zweifel beherrschten die Dinosaurier diese Epoche der Erdgeschichte. Von winzig bis gigantisch, vom Pflanzenfresser bis zum Jäger besetzten sie sämtliche Lebensräume zu Land, zu Wasser und in der Luft.

Da Säugetierartige und Dinosaurier beide vor etwa 220 Millionen Jahren entstanden, mussten sich die frühen Säugetiere also den Planeten für die ersten zwei Drittel ihrer langen Entwicklungsgeschichte mit den überaus erfolgreichen und überall vertretenen Dinosauriern teilen.[11] Eine geringe Größe hatte Vorteile, trotzdem war das Leben riskant. Was würden Sie tun, wenn Sie nur zehn Zentimeter groß wären und sich die Nachbarschaft mit 30 Meter langen und 70 Tonnen schweren Giganten oder blitzschnellen Jägern mit scharfen Zähnen teilen müssten? Verstecken und überleben lautet da wohl die Devise. Man kann dabei den anderen nicht nur räumlich aus dem Weg gehen und möglichst klein bleiben. Man kann auch seine Aktivitäten in Zeiten verlegen, in denen die anderen schlafen. Vermutlich trieb also der enorme Erfolg der Dinosaurier bereits die frühen Säugetiere in die Dunkelheit. Ihr Fell und ihr schneller Stoffwechsel erleichterten ihnen das Leben in der kühleren Nacht, und so konnten sie sich entwickeln und überdauern – bis das Blatt sich schlagartig wendete.

Ob es letztlich der riesige Asteroid war, der an einer Stelle auf der Erde einschlug, wo heute Mexiko liegt, oder eine erdgeschichtliche Phase extremer Vulkanaktivitäten, die den Niedergang der Dinosaurier einläuteten, bleibt offen. Klar ist, innerhalb erdgeschichtlich gesehen kürzester Zeit verschwanden sie alle. Alle? Nun, nicht ganz. Eine Gruppe der Dinosaurier hält sich hartnäckig bis heute, die Vögel.

Nach dem Aussterben der Dinosaurier vor etwa 66 Millionen Jahren begann in kürzester Zeit der große Boom der Säugetiere. Biologen nennen diese schlagartigen Ausbreitungsereignisse, die es mehrfach in der Erdgeschichte gab, adaptive Radiation. Gestützt auf den bereits entwickelten Reichtum an Eigenschaften und Lebensweisen, kam es zur Entwicklung weiterer Arten und zur Ausbreitung über den gesamten Planeten. Das goldene Zeitalter der Säugetiere begann. Ihre grundlegenden Eigenschaften hatten sich zu diesem Zeitpunkt bereits seit über 150 Millionen Jahren im Schatten der Dinosaurier entwickelt.

Schon 1942 stelle Gordon L. Walls, Professor für physiologische Optik und Optometrie an der University of California, Berkeley, die Hypothese auf, dass sich wegen der Präsenz der Dinosaurier überwiegend nachtaktive Säugetiere durchsetzen konnten.[12] Sein Fachgebiet war jedoch nicht die Paläontologie, sondern das Wirbeltierauge und seine Entwicklung. Er leitete seine Überlegungen aus den Erkenntnissen über dessen Sehfähigkeiten ab. Wie im Kapitel »Ein Leben im Dunkel« angesprochen, verrät uns der Sehsinn der Tiere einiges über die Anpassungen an ihre Umwelt.

Ist es nicht großartig, wie in der Wissenschaft – von Menschen, die Dinosaurierknochen in Wüsten ausgraben oder im Labor die Gene der Netzhaut studieren – aus unterschiedlichen Disziplinen Puzzleteile zusammengetragen werden, die auf den ersten Blick oft keinerlei Sinn zu ergeben scheinen und dann doch ein stimmiges Gesamtbild ergeben?

Moderne Studien und genetische Untersuchungen zum Wärmehaushalt oder Sehsinn der heutigen Säugetiere, gerade im Vergleich zu anderen Artengruppen wie den Vögeln und Reptilien stützen die von Walls aufgestellte sogenannten Flaschenhals-Hypothese.[13] So haben beispielsweise alle Säugetiere zwei der ursprünglichen vier Farbsehpigmente im Auge verloren, die Vögel hingegen nicht.[14] Spannenderweise deuten auch Stammbaum-Analysen heutiger Säugetierarten darauf hin, dass viele tagaktive Säugetiere erst nach dem Verschwinden der Dinosaurier entstanden.[15] Trotz der großen Vielfalt an frühen Säugetieren und deren Seitenlinien wirkte der Vorteil, in der Nacht zu leben, vermutlich wie ein Filter (Flaschenhals), und unsere heutigen Säugetiere entwickelten sich aus nachtaktiven Vorfahren. Man könnte also sagen, dass wir alle, stammesgeschichtlich gesprochen, in der Nacht geboren wurden.

Entschuldigung, ist da noch irgendwo Platz für mich?

Die passende Nische

Die frühen Säugetiere zeigen uns: Die Nacht ist nicht nur eine Zeit, sondern ein Lebensraum, eine Nische im großen komplexen Haus des Lebens. Vielleicht erinnern Sie sich an den Begriff der ökologischen Nische aus – zumindest bei mir, von drögem Frontalunterricht und Langeweile bestimmten – Stunden im Biologieunterricht. Eigentlich ist das Thema dagegen sehr spannend.

Stellen Sie sich einen Baum vor, der auf einer Lichtung steht. Auf ihm und in ihm leben die unterschiedlichsten Lebewesen. Von der Amsel, die ihr Nest auf einen Zweig gebaut hat und gerade brütet, über den Baummarder, der in seiner Höhle im Stamm gerade den Tag verschläft, bis zum Rüsselkäfer, der sich unter der Borke durchs Holz frisst. Alle befinden sich am selben Ort, aber in unterschiedlichen Nischen, denn sie haben unterschiedliche Interessen und Bedürfnisse.

Zugegeben, Amsel, Marder und Käfer sind sehr verschieden, aber auch bei Arten, die sich ähnlicher sind, finden wir eine gemeinsame Nutzung von Orten. Zum Beispiel bei unseren Singvögeln, wo sich Rotkehlchen, Blaumeise, Spatz und Co. den gleichen Garten teilen können. Auch die Pflanzen in diesem Garten teilen sich einen Ort und besetzen teils unterschiedliche ökologische Nischen, die sich zum Beispiel in Sonneneinstrahlung, Feuchtigkeit oder dem Mineralgehalt des Erdreichs unterscheiden. Ob Pflanzen oder Tiere, je ähnlicher sich Arten sind, desto wichtiger kann es für jede von ihnen sein, sich ihre eigene Nische zu suchen.

Eine Nische ist dabei mehr als ein Ort. Sie ist Schutz, Nahrung, Unterkunft und alles, was von einem Lebensraum benötigt wird. Es ist aber auch Strategie und Methode, diese zu nutzen oder darin zu überleben. Ihre sinnbildliche Nische am frühen Morgen ist also nicht nur die Küche, sondern auch die Kaffeemaschine darin und der Strom, der sie zum Laufen bringt, sowie die Tatsache, dass Sie überhaupt Kaffee trinken, um wach zu werden.

Man kann sich die ökologische Nische wie einen Raum vorstellen, der einer bestimmten Art zu leben Platz bietet. So können am selben Ort viele verschiedene Arten koexistieren, jede mit ihrer eigenen Lebensweise. Daher gibt es viele ähnliche Nischen an unterschiedlichen Orten, und es entwickeln sich häufig unabhängig voneinander und in weit entfernen Erdteilen ähnliche Kreaturen. Zum Beispiel die Tenreks auf Madagaskar, die verdächtig nach Igeln aussehen (schauen Sie es sich einmal an), aber mit Elefanten näher verwandt sind als mit unserem europäischen Igel. Was sie statt ihrer Gene gemeinsam haben: Sie sind kleine, bodenlebende Insektenfresser, die statt auf Flucht lieber auf stachelige Verteidigung setzen. Der Platz ist da, das Konzept passt in den Lebensraum – und der Tenrek erscheint auf der Bühne der Evolution.

In der Natur gibt es unzählige dieser Nischen oder Lebensarten, und viele spektakuläre Anpassungen von Arten sind das Ergebnis von Spezialisierungen auf diese. Ein berühmtes Beispiel ist der Kuckuck, der neben der Standard-Methode, seine Küken mühsam mit Nahrung zu versorgen und großzuziehen, eine andere praktische Nische entdeckt hat: die Möglichkeit, andere diese Arbeit für sich machen zu lassen.

So legt er seine Eier in fremde Nester und überlässt die Brutpflege den unfreiwilligen Adoptiveltern. Bevor Sie den Kuckuck nun verurteilen, bedenken Sie, dass diese Strategie seinem Nachwuchs wohl die besten Überlebenschancen beschert hat, sonst hätte sie sich schlicht nicht durchgesetzt. Vielleicht waren seine Vorväter (beziehungsweise Mütter) also gar keine Egoisten, zu faul zum Elternsein, sondern nur furchtbar schlecht im Versorgen von Kindern.

Das Konzept des Kuckucks nennt man Brutparasitismus, und der Kuckuck ist bei Weitem nicht der Einzige, der diesen zeigt. Ich stelle mir zum Beispiel gerne die verdutzten Gesichter von Ameisen vor, wenn aus einer ihrer vermeintlichen Larven, die sie liebevoll ins Nest getragen und gepflegt haben, plötzlich ein schöner, blauer Schmetterling schlüpft. Die Schmetterlingsgruppe der Ameisenbläulinge nutzt eine Art Geruchs-Tarnkappe, um ihre Larven als Ameisenbrut auszugeben. Sie werden in der Nähe von Ameisenkolonien abgelegt und dann von beflissenen Arbeiterinnen ins Nest getragen und versorgt – bis es sich nicht mehr verheimlichen lässt. Für den Schmetterling heißt es dann die Beine in die Hand nehmen, denn sobald der Schwindel aufgeflogen ist, wird er von den Ameisen angegriffen.

Es gibt noch viele weitere verrückte Beispiele von Spezialisierungen, und das ständige Spiel aus Anpassung und Veränderung, das wir Evolution nennen, gehört für mich zu den spannendsten Themen der Biologie. Jeden Tag entdecken wir Neues, und dennoch ist ein großer Teil des Lebens, das uns umgibt, weitgehend unerforscht. Dazu gehört auch – und besonders – das Leben der Nacht.

Heute müssen sich Säugetiere wie Fuchs, Dachs oder Wildschwein nicht mehr vor Dinosauriern verstecken. Die 66 Millionen Jahre, die seit dem Ende der Dinosaurier vergangen sind, sind eine so enorme Zeitspanne, dass wir sie uns kaum vorstellen können. Genug Zeit, um den Tag für sich zu erobern. Dennoch sind, wie wir wissen, die meisten der heute lebenden Säugetierarten nachtaktiv. Während wir und die meisten (anderen) Menschenaffen uns das Leben bei Licht zu eigen gemacht haben, wählen sie noch immer die dunkle Seite des Tages. Das hat vielfältige Ursachen.

Auch wenn kein Tyrannosaurus Rex mehr hinter der nächsten Ecke lauert, Gründe, sich zu verstecken, haben Tiere genügend, und diese betreffen nicht nur die Säugetiere. Es kann aus verschiedenen Gründen sinnvoll sein, wenn Tiere unterschiedliche zeitliche Nischen besetzen, sich also aus dem Weg gehen.

Mitten in der afrikanischen Savanne im Schatten des Kameldorns hat sich ein Rudel Löwinnen niedergelassen. Ihre muskulösen Körper atmen schwer unter der Hitze, und die mächtigen Köpfe ruhen im trockenen Gras. Müde von der Jagd der letzten Nacht werden sie den Großteil des Tages verschlafen. Unterdessen schleicht sich ein Gepard an eine vereinzelt stehende Impala-Antilope an. Sie hat sich etwas von den anderen Tieren ihrer Herde abgesondert. Als sie ihren Kopf in die Höhe hält, verschwimmen ihre schmale Schnauze und die großen Ohren mit ihren schwarzen Spitzen im Flirren der Mittagshitze.

Der Gepard spannt jeden Muskel seines hochbeinigen, drahtigen und gepunkteten Körpers mit dem langen Schwanz, der ihm beim Rennen hilft, die Balance zu halten, an. Geduckt bereitet er sich auf den schnellsten Sprint vor, den ein Landbeutegreifer auf dieser Welt heute erreichen kann. Nur wenige Hundert Meter entfernt hat es sich eine Großfamilie Tüpfelhyänen zum Gruppenkuscheln unter einem Baum gemütlich gemacht. Nachdem sie nachts unterwegs waren, um ihre Jungen mit Nahrung zu versorgen, genießen die meisten Mitglieder nun die Kühle der Erde, die sie mit ihren kräftigen Pfoten freigelegt haben. Ein Weibchen hat die Aufgabe, den Kindergarten des Clans zu beaufsichtigen, in dem die Welpen verschiedener Mütter gemeinsam betreut werden.

Etwas später wird man bei Familie Wildhund langsam munter. Bald setzt die Dämmerung ein, und die bunten, wild gemusterten Beutegreifer, die als einzige unserer Protagonisten nicht zu den Großkatzen, sondern zu den Hunden gehören, gehen auf die Jagd. Der Großteil ihres Lebens spielt sich in den Stunden zwischen Tag und Nacht ab. Als die Abenddämmerung in die dunkle Nacht hinübergleitet, reckt ein Leopard auf einem breiten Ast eines niedrigen Baumes seine Glieder. Elegant bewegt er seinen Körper hinunter, der doch so viel schwerer und kompakter ist als der des grazilen Geparts. Für ihn ist es Zeit, sich auf die Jagd zu begeben.

Ganz schön was los in unserer kleinen Afrikaszene, nicht wahr? Kein Wunder, denn die afrikanische Savanne (vor allem die dortigen Schutzgebiete) ist einer der letzten Orte der Erde, an denen mehrere große Raubtiere gemeinsam vorkommen. Die sogenannte Gilde afrikanischer Großkarnivoren bewohnt nicht nur den gleichen Lebensraum, sie ernährt sich auch zu großen Teilen von den gleichen Beutetieren. Da kann es von Vorteil sein, wenn man sich ein wenig aus dem Weg geht.[16]

Dies gilt besonders für die kleineren oder schwächeren Arten. Das Sagen haben hier nämlich die Löwen, die die Gilde der großen Beutegreifer dominieren. Gemeinsam mit den Hyänen und Leoparden nutzen sie überwiegend die Nacht für ihre Jagd. Gegenüber einem Löwen mit bis zu 250 Kilogramm Körpergewicht wirkt so ein schmaler Wildhund mit 25 Kilogramm wie ein halbes Hemd.

Zwar können auch Wildhunde durch die Macht der Gruppe größere Beutetiere erlegen, allerdings gelingt es ihnen nicht immer, ihre Beute auch zu behalten. So entgeht man als Wildhund oder Gepard in den Stunden des Tages und der Dämmerung nicht nur der indirekten Konkurrenz um Beutetiere, sondern auch etwas, das sich Kleptoparasitimus nennt, dem Diebstahl der eigenen Beute durch andere. In diesem Fall durch Löwen und Hyänen. Warum sich anstrengen und selbst jagen, wenn man die Beute auch einfach einem schwächeren Konkurrenten abnehmen kann? Was fies klingt, ist natürlich ebenfalls eine Überlebensstrategie, und so brauchen die Hyänen, die ihren miesen Ruf übrigens zu Unrecht besitzen, die Beute, um ihren Nachwuchs zu versorgen, den sie liebevoll und intensiv betreuen. Sie müssen sich ihrerseits bei ihrer eigenen Beute ebenfalls gelegentlich den Löwen geschlagen geben. Nachtaktivität kann in der Natur also bei der Vermeidung von Konkurrenz helfen.

Manch einem tierischen Zeitgenossen geht es bei seinen nächtlichen Ausflügen jedoch nicht darum, bessere Nahrung zu bekommen, nicht hinterrücks ausgeraubt zu werden oder der Erste am Wasserloch zu sein. Für viele Arten geht es beim Ausweichen in die Nacht schlicht ums nackte Überleben. Und so verlagern sie ihre Aktivitäten in Zeiten, in denen diejenigen, die ihnen ans Leder wollen, überwiegend ruhen.[17] Das bringt nicht nur den Vorteil mit sich, dass weniger Fressfeinde unterwegs sind. Häufig sind diese in der Dunkelheit auch in ihren Fähigkeiten limitiert. Wer es gewohnt ist, bei Tag auf Sicht zu jagen, wird nachts vielleicht seine Schwierigkeiten haben, Beute zu machen. So, wie wir Probleme haben, nachts den Unterschied zwischen einem gefährlichen Wildtier und einem harmlosen, sich im Wind wiegenden Busch zu erkennen (kleiner

Tipp, der für Steinzeitmenschen zu spät kommt: Im Zweifelsfall rennen!).

Nachts aktiv zu sein kann also auch der Feindvermeidung dienen.[18] Was würde aber passieren, wenn die Feinde plötzlich verschwänden, ähnlich wie es die Dinosaurier taten? Beobachtungen von Tieren, deren Feinde auf einmal fehlen, zeigen tatsächlich, dass so manche nachtaktive Tiere dann vermehrt den Tag nutzen. Ein Beispiel dafür führt uns zu den idyllischen Atollen Palmyra und Tabuaeran im Pazifischen Ozean, etwa 1650 Kilometer südwestlich von Hawaii. Die Inseln gehören zu einer Inselgruppe entlang des Äquators, die im Englischen passend Line Islands heißt und im Deutschen den, wie ich finde, ganz tollen Namen der zentralpolynesischen »Sporaden« trägt. Das Tabuaeran-Atoll sieht aus der Luft übrigens genau wie eine tierische Zelle aus! Einfach fantastisch. Schauen Sie es sich mal an.[19]

Die beiden Atolle dienten als Studienorte, um herauszufinden, was passiert, wenn Räuber wegfallen. Nicht nur an Land, sondern auch unter Wasser gibt es tag- und nachtaktive Arten. Forscher verglichen die Aktivität von eigentlich nachtaktiven Fischen an Korallenriffen mit Fressfeinden und solchen, an denen die Fressfeinde durch den Menschen dezimiert worden waren. Die Fische an den feindfreien Riffen waren sechs- bis achtmal häufiger auch am Tag unterwegs. Jetzt könnte man denken, dass vor allem die flexiblen Arten häufiger ihren Schwimmausflug bei Sonnenschein genossen, aber am stärksten zeigte sich die Veränderung ausgerechnet bei den Fischarten, die normalerweise besonders strikte Nachteulen waren.[20]

Auch der Mensch treibt Tiere in die Nachtaktivität. Denn bei all ihrer Vielfalt haben die meisten Tiere heutzutage eines gemeinsam: Ihre größte Bedrohung ist der Mensch. Waren einstmals verschiedene Arten mit unterschiedlichen Risiken und

Fressfeinden konfrontiert oder hatten gar keine natürlichen Feinde, teilen sie heute das Schicksal (fast) aller Lebewesen dieses Planeten, das der Koexistenz mit uns Menschen.

Der Mensch tut letztlich genau das, worin Säugetiere so gut sind: Er begegnet den Widrigkeiten der Welt mit einem schnell arbeitenden Gehirn, vielleicht dem leistungsstärksten, das die Evolution hervorgebracht hat. So passt er die Welt an sich und seine Bedürfnisse an, statt umgekehrt. Diese Strategie ist für den Menschen extrem erfolgreich, zum Leidwesen der anderen Arten. Die Entwicklung des Homo sapiens ist ohne Zweifel eine der größten Katastrophen für die biologische Vielfalt in der Geschichte des Planeten. Glückwunsch Homo sapiens, wir können uns bei den Auslösern für Massenaussterbeereignisse der Erdgeschichte einreihen zwischen Jahrtausende währenden Mega-Vulkanausbrüchen und massiven, kosmischen Einschlägen.

So wundert es sicherlich niemanden, der dieses Buch liest, dass wir Menschen auch die zeitlichen Aktivitäten der Tierwelt beeinflussen. Auf der Erde wird es immer schwieriger, dem Menschen aus dem Weg zu gehen, und so stellen immer mehr Tiere ihren Lebensrhythmen um und weichen in die Nacht aus. Sie finden eine rettende Oase in den Stunden, in denen wenige, manchmal keine Menschen unterwegs sind.

In meinen eigenen Forschungen zu Stadtfüchsen (über die Sie in *Von Füchsen und Menschen* lesen können, wenn Sie mögen),[21] konnte ich diesen menschlichen Einfluss gut beobachten. Ich hatte die kleinen roten Allesfresser mit den bernsteinfarbenen Augen mit GPS-Halsbandsendern ausgestattet und stellte überrascht fest, dass sie etwa ein Fünftel ihrer aktiven Zeit tagsüber verbrachten, obwohl sie in der Literatur als nachtaktiv gelten.[22] Auf meinen Wildkameras sah ich sie im Sonnenschein auf Wiesen herumbummeln, herumstreifen und miteinander balgen. Ein seltener Anblick außerhalb der Stadt. Denn Füchse wurden und werden in Deutschland millionenfach getötet. Fast eine halbe Million wird noch immer jedes Jahr geschossen, und das entgegen wissenschaftlicher und ökologischer Vernunft. Kein Wunder also, dass Füchse auf dem Land den Schutz der Nacht suchen, um zu überleben. In der Stadt, wo sie nicht bejagt werden, nutzen sie Tag, Nacht und Dämmerung.

Nicht nur der Fuchs versucht dem Menschen aus dem Weg zu gehen. Vor ein paar Jahren erschien eine große Metastudie, die die Ergebnisse von 76 wissenschaftlichen Studien zu Aktivitätszeiten von Wildtieren analysierte.[23] Es wurden GPS-Daten, Daten von Wildtiersendern und Kamerafallenergebnisse aus Europa, Australien, Nord- und Südamerika, Afrika und Asien von 62 verschiedenen Säugetierarten vom zwei Kilogramm leichten Opossum bis zum tonnenschweren afrikanischen Elefanten verglichen. Unter den Arten sind bekannte Kandidaten wie Tiger, Reh oder Wildschwein, aber auch weniger bekannte wie das Goldaguti, das Neunbinden-Gürteltier, der Sambar oder das Halsbandpekari.

Die Forschenden verglichen die Aktivitäten der Wildtiere in stark vom Menschen frequentierten Gegenden mit solchen in kaum gestörten Gebieten. Das Ergebnis: Auf der ganzen Welt werden Tiere zunehmend nachtaktiv, um menschliche Störungen zu vermeiden. In den stark gestörten Gegenden gab es etwa ein Fünftel mehr nächtliche Aktivitäten der Tiere als bei Artgenossen in eher ungestörter Umgebung. Häufig zeigten die Tiere kleine Veränderungen: Hier ein, zwei Stunden weniger am Tag, die dann in der Nacht angehängt wurden. Da eine leichte Verschiebung im Tagesrhythmus. Manche Veränderungen sind auffälliger, wie die der Elefanten, die ihre teils langen Wanderungen in Gebieten mit vielen Wilderern statt am Tag nun in der Nacht durchführten.[24]

Eine weitere spannende Erkenntnis der Studie war, dass die Tiere kaum zwischen verschiedenen Störungen durch Menschen unterschieden. Egal ob eigentlich harmloser Wanderer, Radfahrer oder lebensbedrohlicher Jäger, ob Jogger, Fallensteller oder Bauer – der Mensch stört. Möglicherweise sitzt die Angst vorm Menschen in vielen Tieren so tief, dass sie schlicht nicht unterscheiden können. Man spricht in der Ökologie von einer »Landschaft der Angst«,[25] die den Lebensraum von Wildtieren genauso bestimmen kann wie physische Dinge wie Nahrung, Unterschlupf oder Mitgeschöpfe. Auch den Stadtfüchsen wird die Angst vor dem Menschen immer wieder zum Verhängnis, wie ich bei den Berliner Stadtfüchsen sehen konnte. So sind sie nicht nur in Gegenden mit mehr Menschen weniger tagaktiv und verpassen damit möglicherweise Gelegenheiten zur Nahrungssuche,[26] sie schätzen auch die Risiken, die von Passanten ausgehen, zu hoch ein und bewegen sich bei langen Wegen durch die Stadt häufig auf vermeintlich sichereren, weil passantenfreien Schnellstraßen und S-Bahn-Trassen.[27] Ein folgenschwerer Irrtum, der jedes Jahr Hunderte Tiere das Leben kostet.

Wer nun dem gut genährten Stadtfuchs zurufen möchte: »Was denn? Wir wollen dir doch nichts Böses mehr«, der sei daran erinnert, wie gefährlich wir sind: Der Mensch hat 83 Prozent der wild lebenden Säugetiere ausgerottet, und nur 4 Prozent aller lebenden Tiere sind Wildtiere, der Rest ist domestiziert.[28] Letztlich ist Menschenvermeidung Feindvermeidung.

Theoretisch können Tiere also in die Nacht ausweichen, um ihren Fressfeinden oder Nahrungskonkurrenten zu entgehen. Doch nur wenige Studien finden solche Anpassungen,[29] und häufig passen sich Tiere nicht an, sondern verschwinden, denn das mit der Anpassung ist leichter gesagt als getan. Das Aktivitätsfenster einfach zu ändern ist keine Entscheidung, die man frei und ohne Konsequenzen treffen kann. Das sehen wir bei uns Menschen und den gesundheitlichen Folgen für Nachtarbeiterinnen genauso wie im übrigen Tierreich. Denn an der Zeit, die wir wach verbringen, hängt so einiges dran: Nahrungssuche, Jagderfolg, Partnersuche, Versorgung von Jungtieren und nicht zuletzt das Gefüge des Ökosystems. So manches Ausweichmanöver der einen Art könnte auch andere Arten in Bedrängnis und empfindliche Gleichgewichte zum Wanken bringen.

Evolution ist Wandel und Anpassung, so weit, so korrekt, aber wie immer in der Natur, ist es etwas komplizierter. Manche Arten stoßen dabei schlicht an ihre Grenzen. Wissenschaftler aus Spanien fanden in einer Langzeitstudie zur Koexistenz von Mäusen und Kaninchen mit ihren Fressfeinden in Südosteuropa zwar ein Ausweichverhalten der Kaninchen gegenüber den Beutegreifern, nicht aber bei den ebenfalls auf deren Speiseplan stehenden Mäusen. Die Publikation der Studie trägt übrigens den Namen »Catch me if you can«, nach dem Film mit Leonardo DiCaprio und Tom Hanks. Der Inhalt ist – wie es sich für eine wissenschaftliche Publikation zu gehören scheint – trotzdem trocken geschrieben, aber auch Wissenschaftler stehen eben auf griffige Titel. Die Forscher vermuten, dass langfristige Anpassungen an das Nachtleben und daraus entstehende Abhängigkeiten nicht einfach so abgelegt werden können. Zu sehr ist der Takt der inneren Uhren in Fleisch und Blut übergegangen. Das leuchtet ein, schließlich sind sie teils vor langer Zeit entstanden. Zum Beispiel, als noch Dinosaurier den Planeten bevölkerten; wir erinnern uns: Damals war es ebenfalls ein Ausweichen vor Konkurrenz und Feinden, aber eben vor sehr langer und für sehr lange Zeit.

Zurück zu unserer Frage, warum manche Arten nachtaktiv sind. Konkurrenzvermeidung und Feindvermeidung sind möglicherweise wichtige Puzzleteile auf unserer evolutionären Spurensuche nach der Nachtaktivität. Es gibt viele Faktoren, die darüber entscheiden, ob Arten nachtaktiv sind, und letztlich wissen wir noch sehr wenig darüber, denn die Forschung zur Rhythmik in der Natur beschäftigt sich häufig mit dem Wie, nicht aber dem Warum. Das Leben und die Geschichte nachtaktiver Arten sind und bleiben wohl bis auf Weiteres ein Dunkelfeld. Wie passend.

Die Sache mit der Tag-Nacht-Aktivität ist, wie eingangs bereits angesprochen, nicht immer so eindeutig und manchmal spielt sich das Leben irgendwo dazwischen ab. Manche Arten sind dämmerungsaktiv, andere nutzen je einige Stunden des Tages und der Nacht (man nennt sie kathermal). Es gilt auch weitere Zusammenhänge zwischen Umwelt und Aktivitätsrhythmus näher zu erforschen. Wir wissen zum Beispiel, dass auch die Tag-Nacht-Länge oder die geografische Höhe und die Temperatur entscheidend dafür sind, wann Tiere aktiv sind:[30]

Eigentlich erhalten alle Punkte auf der Erdoberfläche ungefähr die gleiche Dauer von Licht und Dunkelheit im Laufe eines Jahres, aber vom Äquator bis zu den Polen gibt es starke saisonale Unterschiede in der Länge der einzelnen Tage, und das hat Einfluss auf das Artgefüge. Zum Beispiel ist der Artenreichtum tag- und nachtaktiver Arten in den humiden Tropen am höchsten (also dort, wo mehr Regen fällt als verdunstet). Die

Vielfalt verteilt sich jedoch recht unterschiedlich. Die überwiegend tagaktiven Arten, zu denen vor allem die Primaten gehören, kommen vermehrt entlang des Amazonasbeckens vor. Die nachtaktiven Vertreter bevölkern dagegen eher das trockene Buschland. Zu ihnen gehören Fledermäuse und diverse Nagetiere.

Betrachtet man die Verteilung tag- und nachtaktiver Arten auf der Erde, fällt auf, dass der Anteil an Nachtaktivität am größten ist, wenn Regionen trocken sind und es nur wenige verfügbare Lichtstunden gibt.

Der Artenreichtum tag- und dämmerungsaktiver Tierarten hängt stark von der Verfügbarkeit von Licht ab. Spezies, die überwiegend die Dämmerung oder flexibel Tag und Nacht für sich nutzen, kommen vor allem in den mittleren und nördlichen Breiten vor, mit einem besonderen Reichtum in Sibirien und den Gebirgsregionen in mittleren Breiten wie den Alpen und den Pyrenäen. Dort schwankt die Tageslänge im Jahresverlauf erheblich, und beide Fenster nutzen zu können ist ein großer Vorteil.

Dass nachtaktive Arten vor allem in heißen und trockenen Regionen vorkommen, ist bei näherer Betrachtung ebenfalls einleuchtend. Wo große Hitze herrscht und Wasser knapp ist, bietet die Nacht das moderatere Klima, denn die Temperaturen zwischen Tag und Nacht können weit auseinanderliegen. Umgekehrt kann es in kalten Regionen energetisch sehr teuer werden, nachtaktiv zu sein, wenn man seinen Körper die ganze Zeit heizen muss, anstatt irgendwo aneinandergekuschelt in einer weichen Höhle zu schlafen, bis die Sonne einem den Pelz wieder wärmt.

Die Temperaturen auf der Erde haben wohl schon zu Urzeiten eine Rolle gespielt, als die ersten Säugetiere mit ihrem hochaktiven Stoffwechsel, dem Fell und der konstanten Körpertemperatur die Nacht für sich entdeckten. Und sie tun dies noch heute.

Zu guter Letzt ist die Antwort auf die Frage, warum manche Lebewesen nachtaktiv sind, noch ein ganz banales »why not?«. Schließlich hat der Tag 24 Stunden, und jedes Fleckchen in diesem Ökosystem, ob räumlich oder zeitlich gesehen, findet einen, der sich darin einrichtet.

KÜNSTLERISCHE FREIHEIT

Die Tendenz zur Nachtaktivität bei Säugetieren könnte darin begründet sein, dass sie sich zu Beginn ihrer Entwicklung, im Erdzeitalter des Jura, die Welt mit einer enormen Vielfalt an Dinosauriern und anderen Arten teilten. Den Namen des Jura (im Englischen *jurassic*) kennen die meisten von uns vermutlich vor allem im Zusammenhang mit den *Jurassic Park*-Filmen, in denen die Menschen Dinosaurier wiederauferstehen lassen. Viele der in den Filmen gezeigten Dinosaurier gab es jedoch im Jura noch gar nicht. Sie entwickelten sich erst Millionen Jahre später, in der Kreidezeit. Darunter auch der berühmte T-Rex.

BEWOHNER DER NACHT –
EULEN

Lautlose Jäger

Es wird Zeit, uns wieder einige Nachtbewohner genauer anzusehen. Widmen wir uns diesmal denjenigen, die uns möglicherweise als Erstes in den Sinn kommen, wenn wir an Tiere der Nacht denken – die Eulen. Nicht umsonst nennen wir Menschen, die gerne die Nacht zum Tag machen, Nachteulen.

Etwa 240 Eulenarten gibt es weltweit. So ganz genau wissen wir das nicht. Besonders wenn Arten selten sind oder nur in entlegenen Gebieten vorkommen, sind sie nicht immer leicht zu entdecken – oder wiederzufinden. Denn immer wieder gibt es von Arten zwar historische Beschreibungen, aber keine Fotos und kaum Informationen. Um die Wissenslücken zu stopfen, gehen Biologen gelegentlich auf Spurensuche vor Ort. Manch historisch beschriebene vermeintliche Art stellte sich als Farbvariante einer anderen bekannten Spezies heraus, manchmal auch als Verwechslung, oder man kam zu dem Schluss, die Art sei inzwischen ausgestorben. Als 1975 Forscher erfolglos von ihrer Suche nach dem Bändersteinkauz in Zentralindien zurückkehrten, vermuteten sie genau das. Der Kauz mit den dicken, weißen Augenbrauen war durch wenige historische Museumspräparate bekannt, von denen eines zudem nicht auffindbar war. Nachdem es keine neuen Funde oder Sichtungen mehr gab, hatte man schon eine Weile angenommen, er könnte ausgestorben sein. Die erfolglose Expedition schien das zu bestätigen, und so galt der Bändersteinkauz für über ein Jahrhundert als ausgestorben. Dabei hatte man nur an der falschen Stelle gesucht.

Der Grund dafür war keine historische Ungenauigkeit, sondern ein Verbrechen, bei dessen Aufklärung sogar das FBI involviert war. Der britische Geheimdienst-Offizier Richard Meinertzhagen war ein begeisterter Naturforscher und Hobby-ornithologe – und ein Aufschneider. Er besaß die seinerzeit größte private Sammlung von Vögeln, die er in Großbritannien, aber auch während seiner Militärzeit in Afrika und Indien geschossen und präpariert hatte. Nebenbei verfasste er sowohl Bücher über Vögel als auch über seine Abenteuer als Mitglied der militärischen Aufklärung der Briten. Neben anderen, weit schlimmeren Untaten, die er mutmaßlich beging, stahl Meinertzhagen auch diverse Vogelbälge aus zoologischen Sammlungen, darunter offenbar auch den eines Bändersteinkauzes aus dem Londoner Naturhistorischen Museum. Um nicht aufzufliegen, hatte Meinertzhagen das Exponat für seine eigene Sammlung überarbeitet und kurzerhand umetikettiert – samt falschem Fundort.[1] Angeblich hatte er den Kauz 1914 selbst geschossen. Als die kriminellen Machenschaften Meinertzhagens schließlich ans Licht kamen, wurden diverse Sammlungsobjekte, die er beigesteuert hatte, neu unter die Lupe genommen. Dabei gingen ganze Unterarten über den Jordan – die es vermutlich nie gegeben hat, (da ihre einzigen vermeintlichen Belege von Meinertzhagen präpariert und möglicherweise verfälscht worden waren). Erst kurz vor dem Jahrtausendwechsel bewiesen kriminalistische Untersuchungen im FBI-Labor die eigentliche Herkunft des Bändersteinkauz-Präparats, und siehe da, es gibt den seltenen Vogel auch heute noch, nur eben nicht dort, wo man nach ihm gesucht hatte.[2]

Wer weiß, wie viele nur aus frühen historischen Beschreibungen bekannte Wesen in Wahrheit nie existiert haben. Vermutlich steckte dahinter ein ums andere Mal der Drang, sich mit neuen, kuriosen Funden einen Namen zu machen, oder das vermeintlich neuartige Tier war das Produkt von Einbildung nach zu viel Sonne oder Schnaps.

Aber zurück zu den etwa 240 Eulenarten. Die Vielfalt der überwiegend nachtaktiven Vogelordnung ist enorm. Der Elfenkauz ist, passend zu seinem Namen, nur etwa so groß wie eine Kohlmeise. Er lebt in Nordamerika, brütet in Spechthöhlen und ernährt sich von Insekten. Der Riesen-Fischuhu mit seinen 1,8 Metern Flügelspanne jagt in dichten Wäldern Russlands und Chinas kleine Säugetiere und Vögel, ernährt sich aber vor allem von Fisch. Von Weiß bis Dunkelbraun, gescheckt, gepunktet bis gebändert sind allerlei Federkleid-Varianten vertreten, mal mit, mal ohne »Federohren«, die eigentlich gar keine Ohren sind. Der Peruanerkauz trägt ebenfalls Federschmuck, der an eine historische Maske auf einem Maskenball erinnert, und sogar Eulen, die unter der Erde leben, hat die Evolution hervorgebracht. Der Kaninchenkauz ist ein Steppenbewohner, der überwiegend am Boden unterwegs ist und unterirdische Kolonien bildet. Als wäre das nicht bemerkenswert genug, haben die Vögel zudem eine interessante Technik für die Nahrungssuche entwickelt. Da sie gerne Mistkäfer verspeisen, sammeln sie den Mist verschiedener Tiere ein und legen ihn dann gezielt in Nestnähe aus. So können sie quasi bequem von der Couch aus Mistkäfer angeln.[3]

In Deutschland gibt es zwar keine Mistkäfer angelnden Bodenbewohner unter den Eulen, doch auch bei uns ist eine große Vielfalt zu beobachten. Immerhin zehn verschiedene Eulenarten brüten vor unserer Tür: Waldkauz, Steinkauz, Raufußkauz, Habichtskauz und Sperlingskauz sowie Waldohreule, Sumpfohreule, Zwergohreule, Schleiereule und Uhu. Während der Waldkauz mit 50 000 Brutpaaren recht häufig ist, trifft man die Sumpfohreule oder den Habichtskauz nur sehr selten an. Unsere kleinste Eule ist der Sperlingskauz, der ähnlich wie der Elfenkauz gerne in Spechthöhlen nistet. Im Gegensatz zur Elfe frisst er jedoch keine Insekten, sondern schafft sich das passende Immobilienangebot kurzerhand selbst. Trotz seiner geringen Größe erlegt er verschiedene Singvögel und sogar Buntspechte – in deren frei gewordene Behausung er dann einziehen kann. Unter anderem, um seinen größeren Eulenkollegen aus dem Weg zu gehen, ist der kleine Vogel vor allem in der Dämmerung unterwegs.

Der große Uhu gleitet dagegen mit seinen beeindruckenden Schwingen noch durch die dunkelste Nacht. Er ist unsere größte Eule und selbst im Sitzen siebzig Zentimeter hoch. Obwohl seine scharfen Klauen gefürchtet sind, trägt er ein unauffälliges Tarnkleid. Das macht es ihm nicht nur leichter, von seiner Beute nicht gesehen zu werden, sondern schützt ihn auch während des Ruhens tagsüber davor, von Krähen oder Greifvögeln attackiert zu werden, die sich nicht besonders über einen Uhu in ihrem Revier freuen.

Wie viele andere Arten leidet auch der Uhu unter Lebensraumverlust durch Landwirtschaft, Forstwirtschaft und Siedlungsbau. Dazu kommt, dass er und seine Eulenkollegen oft das ungeplante Opfer von Rodentiziden wie Rattengift werden, wenn sie das Gift über ihre Beute aufnehmen. Dank einiger Schutzmaßnahmen hat sich der Bestand des Uhus aber in den letzten Jahren wieder erholt. Er braucht vor allem ungestörte Brutplätze, denn beim Fressen ist er nicht gerade wählerisch, von Nachtfalter über Wildkaninchen bis Fuchs ist auf seinem Speiseplan so einiges vertreten, darunter auch andere Eulen und Greifvögel oder Graureiher. Beeindruckend, wenn man bedenkt, dass die Größe des Graureihers die des Uhus sogar übersteigt. Uhus schlagen ihre Beute aus der Luft, sie sind hervorragende Flieger. Kürzlich gelang es erstmals, einen Uhu, der in einen See gestürzt war, beim Schwimmen zu filmen. Zwar sind die Vögel des Schwimmens offenbar mächtig, das etwas hopsige Rudern ist jedoch kein Vergleich zu ihrem kunstvollen Flug. Meist entdecken wir den Uhu nicht mit den Augen, sondern durch seinen Ruf, dem er auch seinen Namen verdankt. Für Tiere mit besseren Sinnen als den unseren ist ein Uhu-Revier aber auch per Nase zu erkennen. Die großen Eulen nutzen Kot- und Beutereste-Markierungen, um anzuzeigen, wenn ein Revier von einem Pärchen besetzt ist. Single-Uhus verzichten übrigens auf diese müffelnde Geste. Sie ist vermutlich auch nicht gerade ein Frauen-Magnet.[4]

Für Wissenschaftler sind Uhus aus einem weiteren Grund spannend. Die Eulen können als Feldkräfte bei der Erforschung von Artenvorkommen helfen. In den Gewöllen der Tiere finden sich Knochen, Haare, Federreste und andere feste Bestandteile der von ihnen verschlungenen Beute. Durch Analyse dieser zugegebenermaßen wenig attraktiven »Eulenkotze« lässt sich untersuchen, ob bestimmte Arten in einem Gebiet vorkommen oder nicht.

Von scharfen Augen und schiefen Ohren

Mehr als die Hälfte aller Eulen jagt überwiegend Insekten, ein Drittel vornehmlich Vögel und kleine Säugetiere. Dabei müssen sie ihre Beute in der nächtlichen Dunkelheit erst einmal finden, und beim Jagen nicht gegen einen Baum zu fliegen ist sicherlich auch hilfreich. Hier kommen den Eulen ihre geschärften Sinne zugute. Wie wir bereits wissen, besitzen sie die reflektierende Schicht des *Tapetum lucidum*. Außerdem haben sie ziemlich große Augen im Verhältnis zu ihrer Größe. Beim Uhu macht das Volumen der Augäpfel etwa ein Drittel seines gesamten Kopfvolumens aus. Die Augen der Eulen erlauben es ihnen, bei viel schwächerem Licht zu sehen als unsere. Nur eine Sache, die für uns selbstverständlich ist, können ihre Augen nicht. Eulen können nur geradeaus gucken. Ihr Sichtfeld ist sogar kleiner als unseres, denn ihre Augen liegen in nach vorne verengten Knochenröhren. Will eine Eule nach rechts und links gucken, muss sie den Kopf dafür drehen.

Das kann sie dafür umso eindrücklicher: Um unglaubliche 270 Grad können Eulen ihren Kopf rotieren. Das sind drei Viertel eines Kreises! Bei Menschen kennt man solch verdrehte Köpfe nur aus Horrorfilmen, denn wir würden eine solche Rotation nicht überleben – schließlich würden Adern, Nervenstränge, Gewebe reißen. Laut einem Forscherteam am Johns-Hopkins-Klinikum in Baltimore kann schon eine geringfügig zu weite Rotation des Kopfes beim Menschen unmittelbar zu Schlaganfällen führen. Da drängt sich doch eine Frage auf: Warum kippen Eulen beim Kopfverdrehen nicht tot vom Baum?

Für die Antwort brauchte es einige tote Eulen aus Auffangstationen, Kontrastmittel und einen Computertomografen. Das Ergebnis: Man fand gleich eine ganze Reihe von Anpassungen. Während sich Blutgefäße normalerweise immer weiter verzweigen und dabei immer feiner werden, sind die Blutgefäße im Kopfbereich der Eulen beispielsweise besonders dick, bzw. sie weiten sich, wenn der Kopf gedreht wird. Wie eine Art Reservoir kann das Blut so Gehirn und Augen weiter versorgen. Einen verbesserten Blutfluss gibt es auch durch kleine Querverbindungen zwischen zwei wichtigen Leitungen, der Halsschlagader und der Wirbelarterie. So kann selbst dann Blut fließen, wenn eine der beiden blockiert wird. Darüber hinaus verläuft die Aorta durch einen Wirbelkanal, der etwa zehn Mal so breit ist wie das Gefäß selbst, was einiges an Bewegungsspielraum eröffnet. Quasi eine Versorgungsleitung in Luftpolsterfolie, wie praktisch.[5]

Den Kopf drehen zu müssen mag umständlich erscheinen. Mal abgesehen davon, dass Eulen diese Fertigkeit perfekt beherrschen, birgt der Ansatz jedoch gewisse Vorteile. Ein Feldhase hat beispielsweise dank seiner seitlich am Kopf positionierten Augen ein Sehfeld von 360 Grad. Obwohl er Rundumsicht hat, werden aber nur etwa zehn Grad frontal (und am Hinterkopf) von beiden Augen gesehen, den großen Rest sieht jeweils nur eines der beiden Augen. Die Eule kann dank verdrehtem Kopf mit beiden Augen und damit räumlich sehen.

Dass die Augen bei Eulen wichtig sind, sieht man den Tieren auf den ersten Blick an. Ausgerechnet für ihren anderen hoch entwickelten Sinn fehlt so ein Hinweis jedoch. Eulen haben keine Ohrmuscheln. Was bei manchen Eulenarten wie Ohren aussieht, sind Federbüschel, deren genauer Zweck noch umstritten ist. Die eigentlichen Ohren sind kleine Löcher, die etwa auf Augenhöhe sitzen und von Federn verdeckt werden.

Da ein Ohr ein wenig höher sitzt als das andere, können Eulen besser räumlich hören. Durch die Asymmetrie kommt der Ton an einem Ohr immer um einige Hundertstelsekunden später an als am anderen. Die winzige Zeitdifferenz reicht aus, um eine bessere Information über die Position der Geräuschquelle – zum Beispiel einer raschelnden Maus – zu bekommen. Das ermöglicht es Eulen anders als anderen Nachtjägern wie der Katze, auch in sehr dunklen Nächten zu jagen.

Eine breite Gesichtsanatomie hilft, den Schall zu den feinen Ohren weiterzuleiten. Im Kopf der Eule erzeugen Blätterraschen, das leise Trappeln von Mäusefüßen, das Summen von Insekten oder der Flügelschlag anderer Vögel dann eine Art Geräuschatlas. In Experimenten konnte gezeigt werden, dass sich die Position, aus der das Geräusch kommt, auch in der Position der Neuronen im Hörzentrum widerspiegelt wie in einer topografischen Karte.

Die Geräusche ihres eigenen Flügelschlags lenken die Eule trotz ihres feinen Gehörs und der leisen Töne, die sie erhaschen müssen, indes nicht ab. Vielleicht ist Ihnen auch schon einmal aufgefallen, dass wir ziehende Gänse- und andere Vogelschwärme des Öfteren hören, bevor wir sie sehen. Und zwar auch dann, wenn sie nicht schnattern. Bei manchen Vögeln kann der Flügelschlag ganz schön laut sein, zum Beispiel beim Höckerschwan. Für eine Eule wäre es ziemlich unpraktisch, wenn ihr Annähern die Stille der Nacht mit so einem Tosen durchbrechen würde. Der Flug der Eule ist daher nicht nur leiser als der anderer Vögel, er ist fast lautlos: Das Eulengefieder ist extrem weich. Flauschige Flügelpolster und winzige, kammartige Zähnchen entlang der Schwingen verwirbeln den Luftstrom und schlucken so die Geräusche des Flugs.

Diese Anpassung sieht man auch bei anderen nachtaktiven Vögeln. Schauen Sie sich zum Beispiel ein Bild des Ziegenmelkers an, dann werden Sie sehen, wie weich und fließend das Gefieder aussieht. Wenn Sie schon dabei sind, etwas in Ihre Suchmaschine einzutippen, schauen Sie sich doch auch gleich noch ein Video einer fliegenden Eule an. Besonders schön sieht man die feinen Bewegungen der Luft, die die Flügel verursachen, in einer Aufnahme aus einem Experiment zur Aerodynamik der Eulen. Forscherinnen ließen die Tiere durch einen dunklen Raum mit Zehntausenden von winzigen Seifenblasen fliegen, die sie dann kurz beleuchteten. Das Ergebnis dieser etwas anderen Schaumparty ist ein Fortschritt für die Erforschung von Auftrieb, aber vor allem ein magisches Schauspiel.[6]

Zwei schräge Vögel

Die Schleiereule

Die Eule auf besagter Schaumparty war übrigens eine Schleiereule. Der helle Vogel mit dem herzförmigen Gesicht ist bei uns ganzjährig zu beobachten. Die Gesichtsform, die mich als Kind immer an einen amerikanischen Pan Cake erinnerte, wirkt wie ein Trichter und verstärkt den Schall. Das hilft der Eule, die vor allem Mäuse fängt, diese trotz ihrer leisen Pfoten aufzuspüren.

Im Winter halten sich Schleiereulen gerne in Schuppen und Scheunen auf, in denen sie dann Mäuse jagen, die sich dort nicht unter einer Schneedecke verstecken können. Im Englischen heißt sie deswegen auch »Barn Owl«, also Scheunen-Eule.

Die Schleiereule ist nicht nur ein sehr schöner Vogel, sondern auch ein beliebtes Forschungsobjekt. So stand sie schon für viele wissenschaftliche Untersuchungen Modell. Zum Beispiel auch bei der Erforschung der Hörkarte, die den Vögeln beim Navigieren und Jagen hilft. Bei ihrer nächtlichen Jagd profitieren Eulen vor allem davon, dass ihre Augen und Ohren hervorragend zusammenarbeiten und ihnen so trotz der herrschenden Dunkelheit ein detailliertes, mentales Bild ihrer Umgebung vermitteln. Mithilfe von Schleiereulen wollten Forscher besser verstehen, inwiefern die Bildinformationen des Auges die Geräuschkarte der Tiere beeinflusst. Dafür starteten sie ein interessantes und ein wenig absurd wirkendes Experiment:

Haben Sie schon mal ein Eulenküken mit Brille gesehen? Eulenküken sehen ohnehin schon recht skurril aus, wie ein großer Kleks Zuckerwatte mit einem Schnabel und Augen darauf. Nun bekamen die jungen Eulen also auch noch Brillen aufgesetzt. Zweck der an 1990er-Jahre-Diskobrillen erinnernden

Accessoires war es, das Bild des Sichtfeldes um einige Grad zu verschieben, sodass die visuelle Karte der Welt – also das, was die Eule sieht – nicht mehr mit der Hörkarte übereinstimmt. Es zeigte sich jedoch, dass die Vögel nach kurzer Zeit das schiefe Bild im Kopf korrigieren, also ihre Hörkarte neu justieren konnten.[7] So flexibel klappt das nur bei jungen Eulen, denn die Karte der Landschaft gewinnt mit zunehmendem Alter an Genauigkeit, verliert aber an Flexibilität.[8, 9]

Einen interessanten Effekt des Mondes auf den Jagderfolg der Eulen entdeckten Wissenschaftlerinnen ebenso bei der Schleiereule. Beobachtungen einer Schweizer Eulenpopulation zeigten, dass der Jagderfolg der Tiere mit zunehmendem Mond abnimmt. Je heller die Nacht, desto eher können möglicherweise Mäuse und Wühlmäuse den lautlosen Jäger erspähen und so noch rechtzeitig fliehen. Der Effekt zeigte sich bei Schleiereulen mit eher braunem Gefieder, nicht aber bei Tieren mit besonders hellem Federkleid. Bei den Eulen mit weißer Brust war der Erfolg ungebrochen, die Forscher vermuteten daher, dass die Beutetiere durch das helle Gefieder geblendet werden und sich die Eule durch diesen kurzen Schock-Effekt mehr Zeit zum Zupacken verschafft.

Natürlich ist eine Vermutung unbefriedigend, also galt es, das Ganze zu überprüfen. Was braucht man dafür? Einen dunklen Raum, einen künstlichen Mond und eine Seilrutsche.

Die Forscher setzten Feldmäuse in diesen Raum und simulierten verschiedene Mondnächte. Dabei ließen sie ausgestopfte Eulen über sie hinweggleiten, mal die weiße und mal die braune Variante. Erblickten die Mäuse die künstliche Eule, froren sie kurz ein. Etwa neuneinhalb Sekunden verharrten sie, bevor sie sich wieder bewegten. Nur bei Vollmond und nur bei der weißen Eulenvariante verlängerte sich diese »Schockstarre« um ganze fünf Sekunden.

Die Untersuchung der Schweizer Eulen zeigte, dass der Effekt der Gefiederfarben auch das Nistverhalten beeinflusste. Um eine gute Futterversorgung für den Nachwuchs durch das jagende Männchen sicherzustellen, legten die Weibchen von braun gefiederten Eulen ihre Eier eher zu den dunkleren Mondphasen. Die Partnerinnen von weißen Männchen taten dies eher zu Zeiten, in denen über die Hälfte der Mondfläche oder ein Vollmond am Himmel erstrahlte.[10]

Die gemeinsame Versorgung der Jungen scheint bei Schleiereulen auch ein wichtiges Kriterium in Beziehungsfragen zu sein. Die Eulen leben, wie viele andere Vögel, in monogamen Paarbeziehungen. Im Gegensatz zu diesen anderen Vögeln gehen sie selten fremd. Wenn es also in der Beziehung nicht läuft – und das bedeutet in diesem Fall, dass nicht genügend Nachwuchs durchkommt –, trennen sich manche Paare. Etwa ein Viertel der Paare lässt sich quasi scheiden, meist bereits nach dem ersten Jahr, manchmal aber auch erst nachdem es mehrere Jahre versucht hat, Nachwuchs zu zeugen. Das Haus, also das Nest, behält nach der Scheidung übrigens meist das Männchen. Klappt es mit dem Kinderkriegen, ob nun im ersten Anlauf oder mit neuem Partner, sind die Eulen sich meist ein Leben lang verbunden.[11]

Schon die Kinder der Schleiereulen scheinen über eine soziale Seite zu verfügen. Da die Eulen ihre Eier jeweils mit ein paar Tagen Abstand legen und anschließend sofort mit dem Brüten beginnen, sind die Jungtiere eines Nestes oft unterschiedlich groß. Deswegen kommt es aber nicht unbedingt zu einem Hauen und Stechen ums Futter, ganz im Gegenteil wird manchmal sogar Rücksicht genommen. In einem Experiment spielten Forscher einzeln in künstlichen Nestern sitzenden Küken die Geräusche von Geschwisterküken vor. Waren die vermeintlichen Rufe der Geschwister die von satten Jungvögeln, begannen die

Küken das ihnen bereitgestellte Futter zu fressen. Wurde ihnen jedoch mit den Aufnahmen hungriger Küken suggeriert, ihre Geschwister seien hungrig, warteten sie fast eine halbe Stunde, bevor sie selbst mit dem Fressen begannen.[12] Ich schätze, da kann sich wahrscheinlich so manche Menschenfamilie beim Thema Tischmanieren und Rücksicht eine Scheibe abschneiden.

Zu guter Letzt ist die Schleiereule als unverhoffter Friedensstifter unterwegs. Unter dem Titel »Eulen für den Frieden – die Natur kennt keine Grenzen« bringen die Vögel im Rahmen eines Forschungs- und Umweltschutzprojektes Menschen in einer konfliktbehafteten Weltregion zusammen.[13] Sowohl Landwirte in Israel als auch in Gaza haben mit Produktionsverlusten durch Nagetiere zu kämpfen, in manchen Jahren können die Nager die gesamte Ernte vernichten. Um die Verluste einzudämmen, setzen die Farmer üblicherweise auf den Einsatz von Gift, zum Leidwesen der Umwelt und all der Tiere, die die vergifteten Nagetiere fressen und so ungeplant selbst dem Gift zum Opfer fallen. Stattdessen kann man sich den Hunger der Schleiereulen auf Nagetiere jedoch auch zunutze machen. Und so bringen die Farmer nun statt Gift Nistkästen für die Eulen auf ihre Felder – und es funktioniert. Über Grenzen hinweg tauschen sich nun Menschen darüber aus, wie man die Eulen am besten ansiedelt und weitere Landwirte überzeugt, den Vögeln diese Chance zu geben.[14]

Ein Zombiefilm flackert über den Bildschirm. Wir sehen eine gespenstische Friedhofsszenerie im Zwielicht. Nebel liegt über den Gräbern, und Schreckliches verspricht daraus aufzutauchen und uns in Angst zu versetzen. Ein schauriger Vogelruf dringt klagend durch den Nebel. Programmwechsel. Wir sehen den *Tatort*. Ein Ermittlerteam aus Deutschlands berühmtestem Krimiformat nähert sich langsam einem Gebäude. Das heruntergekommen wirkende Haus, irgendwo in einem trostlosen Dorf, steht wenig einladend da, ein klagender Vogelruf ertönt aus dem Dunkeln. Programmwechsel. Ein Profiler steht mit gezückter Waffe im Dunkeln an eine Tür gedrückt. Nach monatelanger Jagd auf einen Mörder ist er sich sicher, dass dieser alte Bauernhof das Versteck des Soziopathen ist. Die Hintertür steht offen und quietscht und klappert im Wind. Der Profiler versucht, kein Geräusch zu verursachen. Leicht zuckt er zusammen, als ein klagender Vogelruf die Stille der Nacht durchschneidet.

Moment mal. Schon wieder? Wie kommt der gleiche Vogel in alle drei Filme? Wer den Waldkauz einmal in Film oder Serie entdeckt hat, wird merken, dass er immer wieder auf ihn trifft. Der Vogel führt offenbar ein Doppelleben, in dem er neben seiner Tätigkeit als Wildtier der Nacht nebenbei als Filmstatist aktiv ist. Natürlich kann der scheue Vogel nichts für seine Medienpräsenz, der Ruf des Waldkauzes scheint sich bei Geräuschmachern schlicht großer Beliebtheit zu erfreuen.

Geräuschmacher sind in Filmen für die Umgebungsgeräusche, also alles jenseits des gesprochenen Wortes der Darsteller, zuständig. Das Rascheln von Bettlaken, das Klappern von Hufen, das Knistern von Autoreifen auf Kies – auch heute noch entstehen diese Geräusche häufig händisch im Studio. Ein Sammelsurium von Gegenständen hilft dabei, diverse Alltagsgeräusche zu imitieren. Nur wenn die Geräuschquelle nicht im Bild ist, wird auf Tonmaterial zurückgegriffen, können wir die Geräuschverursacher jedoch sehen, werden die Geräusche passend erzeugt. Wenn nicht gerade mittelalterliches Hufgetrappel auf klirrende Schwerter trifft oder laute Explosionen in Actionfilmen passieren, bemerkt der Zuschauer dies meist gar nicht. Erst die Abwesenheit von subtilen Geräuschen, wie dem Rascheln von Kleidung oder dem Klang eines Glases, das auf einem Tisch abgestellt wird, zeigt ihre Bedeutung. Fehlen sie, wirken Szenen merkwürdig unnatürlich, ja fast schon unangenehm.

Ton ist also wichtig, um die richtige Stimmung zu erzeugen, und das eben auch, wenn die Stimmung Gänsehaut verursachen soll. Warum gerade der Waldkauz dabei so beliebt ist und nicht immer wieder andere Eulen zu hören sind, kann ich Ihnen nicht mit Sicherheit sagen. Vielleicht schlicht, weil er recht häufig vorkommt. Betrachtet man sein historisches Image, scheint die Besetzung passend: Während andere Eulen über eine leuchtend gelbe oder orangefarbene Iris verfügen, blicken uns beim Waldkauz zwei tiefschwarze Augen entgegen. Vielleicht hat dieser Anblick, der unsere abergläubischen Vorfahren an seelenlose Löcher erinnerte, dazu beigetragen, dass der Waldkauz seit dem Mittelalter als Totenvogel galt. Als häufiger Vertreter der Eulen war der klagende Ruf des Vogels oft zu hören, wenn Menschen nachts ihren sterbenden Angehörigen Beistand leisteten. Im Ruf des Weibchens meinte man ein »Komm mit« zu erkennen, und so glaubte man, dass der Vogel die Seelen der Sterbenden mit sich nahm.

Vor Mythen und Irrglauben waren und sind auch die anderen Eulenarten nicht gefeit. Für die Kelten war die Eule eine spirituelle Führungsgestalt, andere Kulturen verehrten sie als Glückssymbol. Bei den alten Griechen war die Eule zwar die Verkörperung der Göttin der Weisheit, Athene; ihr Ruf galt dennoch bereits als schlechtes Omen. Im europäischen Mittelalter und noch heute sind Eulen in einigen afrikanischen und asiatischen Mythologien Unglücksboten, Hexen- oder Teufelsvögel. Schon ihr wissenschaftlicher Name offenbart das negative Image: *Strigiformes* stammt vom lateinischen *Striga*. In der römischen Mythologie sind *Strigae* blutsaugende, fliegende Dämonen, die es besonders auf Kinder abgesehen haben. Bei Homer, dem Dichter, nicht dem Vater bei den Simpsons, beschreibt *stridere* das zischende Geräusch, das das Flattern der Seelen in der Unterwelt verursacht. Tod und Unglück hafteten den schönen Vögeln also schon früh an.

Dieser Glaube brachte auch unschöne Bräuche mit sich, so wurden Schleiereulen zur Abwehr gegen allerlei Dämonisches, aber auch zur Blitzabwehr an Scheunentore genagelt. Dabei sind Schleiereulen in Scheunen und auf Feldern von jeher im Grunde eine gute Sache für Bauern gewesen, schließlich sind sie hervorragende Mäusejäger.

In manchen Regionen kündigen Eulen auch Erfreulicheres an als das eigene Ableben, zum Beispiel die Geburt eines Kindes. In der Lausitz soll es wiederum den Glauben gegeben haben, dass der Ruf einer Eule eine komplikationsfreie Geburt ankündige.[15] Manchmal konnten sich die Menschen anscheinend nicht so recht entscheiden, ob Eulen nun gute oder schlechte Omen sein sollten. So bedeuteten Eulenrufe im indischen Aberglauben je nach Anzahl mal Glück, mal bevorstehende Unruhen, mal eine Hochzeit und dann wieder den nahenden Tod.

Heute sind die sozialen Medien voll von Eulenbildern und lustigen Videos. Der Anziehungsfaktor ist verständlich. Mit ihren ausdrucksstarken Gesichtern bieten Eulen ein interessantes Motiv. Vergessen Sie Grumpy Cat, niemand kann so grummelig schauen wie ein Falkenkauz oder seine Eulenkollegen. Auch einer Eule aus einem Wildpark zuzusehen, die beim Bürsten durch ihren Tierpfleger genüsslich die großen Augen zu mangaartigen Schlitzen schließt und sich gegen die Bürste drückt, lässt einen schmunzeln. Spätestens durch die *Harry Potter*-Bücher und -Filme hat das Bild der Eulen eine weitere Veränderung erfahren. Nur profitieren die schönen Vögel leider nicht von ihrem positiven Image in den Büchern, denn nun werden sie zu Tausenden eingefangen und zu einem Leben als Haustiere gezwungen. Wie man es dreht und wendet, die Wildtiere haben es wirklich nicht leicht mit uns.

Ob nun irrationale Ängste oder falsch verstandene Tierliebe, fast immer steht hinter schädlichem menschlichen Verhalten auch ein Mangel an Wissen und Verständnis für die Bedürfnisse von anderen Lebewesen. Beschäftigen wir uns also näher mit dem Leben dieser faszinierenden Tiere. Wir sollten sie beobachten, über sie lesen, schreiben und sprechen. Vielleicht erkennen dann mehr Menschen ihren besonderen Wert.

Besuch bei Familie Waldkauz

Das Schöne an einer Großstadt wie Berlin ist, dass sich hier unglaublich viele Arten auf vergleichsweise kleiner Fläche tummeln. So mag es nicht überraschen, dass man in der Hauptstadt auch Waldkäuze beobachten kann, von den Wäldern am Stadtrand bis zu den zentralen Friedhöfen im Inneren der Stadt. Zu einem dieser Friedhöfe bin ich an einem sonnigen Herbstnachmittag auf dem Weg. Es ist ein relativ überschaubarer Friedhof mit alten Bäumen und einer kleinen Kapelle, die in seiner Mitte ruht. In der Umgebung stehen Einfamilienhäuser, der Wind trägt die Geräusche einer nicht allzu weit entfernten Landstraße herüber. Als ich den Friedhof durch das schmiedeeiserne Tor betrete, knirscht Kies unter meinen Füßen. Zu beiden Seiten des

Weges erstrecken sich Gräber bis hin zur Mauer, die das Gelände umschließt. Durch die vielen mit Efeu bewachsenen Bäume und Hecken, die überall zwischen unregelmäßigen Grabsteinen stehen, erinnert der Ort mehr an einen verwunschenen Garten als an einen Ort der Trauer.

Todesvogel und Ort der Toten, das jeweilige Image passt zusammen, das wahre Bild tut es auch: Ein friedlicher Ort für einen friedlichen Stadtbewohner. Und einfach ein schönes Fleckchen, das sich die Waldkauzfamilie ausgesucht hat, die hier seit Jahren lebt.

Ich wollte eine Weile vor Einbruch der Dunkelheit hier sein, um die schönen Vögel an ihrem Schlafplatz anzutreffen. Doch ich war länger unterwegs als gedacht, und so hatte sich der Himmel schon auf dem Weg hierher blutrot gefärbt. Nun liegt der blaue Schleier der Dämmerung über allem. Als ich unter dem Schlafplatz der Tiere stehe, merke ich, dass er leer ist.

Eine Weile sitze ich auf einer Bank und höre in die hereinbrechende Nacht. In einem Gebüsch neben mir raschelt etwas, dann herrscht wieder Stille. Nur die Straße rauscht von Weitem. Ich beschließe, noch einen kleinen Spaziergang zu machen, und verlasse den Friedhof auf demselben Weg, auf dem ich gekommen bin. Kurz vor dem Tor stoße ich fast mit einem großen Falter zusammen, der offenbar ebenfalls aufgestanden ist, um in die Nacht zu starten.

Als ich das Friedhofsgelände gerade zur Hälfte umrundet habe, sehe ich plötzlich einen schwarzen Schatten aus einer Baumgruppe herausflattern. Da ist er, der Kauz. Er fliegt direkt vor mir über den Weg hinweg. Seine hektisch flatternden Flügel erinnern ein wenig an eine Fledermaus, auch wenn er natürlich deutlich größer ist. Gegen den pastellfarbenen Abendhimmel ist nicht viel mehr als die Silhouette zu erkennen. Kurz flattert er über mir, dann verschwindet er in einem Garten zwischen den dunkler werdenden Schatten. Während die Details meiner Umgebung für mich langsam im Dunkeln verschmelzen, beginnt jetzt seine Zeit.

Als ich die Runde beende, bemerke ich im Augenwinkel eine Bewegung. Ich drehe mich um, und ein Fuchs bewegt sich nur wenige Meter entfernt über die Straße. Er geht so gelassen, dass ich ein zweites Mal hinsehen muss, um mich zu vergewissern, dass es kein Hund ist. Dann bleibt er stehen und sieht mich an, bevor auch er im Dunkeln verschwindet.

Ein Fuchs und ein Waldkauz an einem Abend! Mit dem glücklichen Gefühl, das mich nach jeder Wildtierbegegnung erfüllt, mache ich mich auf den Weg nach Hause. Nur ein kleines bisschen Wehmut schwingt mit, als ich den dunklen Friedhof hinter mir kleiner werden sehe und wünschte, ich könnte die beiden auf ihrer Reise durch die Nacht begleiten.

Der Mediziner Philippe Gailloud sagte in einem Interview mal: »Als Neurologe habe ich mich schon immer gefragt, warum der Waldboden nicht von Tausenden toten Eulen übersät ist, die durch einen von ihren raschen Kopfbewegungen ausgelösten Schlaganfall gestorben sind.« Eine berechtigte Frage, denn Eulen können ihren Kopf um ganze drei Viertel einer Kreisbewegung rotieren und genießen dadurch Rundumsicht. Vierzehn Halswirbel machen ihr Skelett besonders flexibel (zum Vergleich, selbst die Giraffe besitzt nur sieben). Das allein reicht jedoch nicht, also mussten die Forscher etwas genauer hinsehen.

NUR WO LICHT IST, GIBT ES SCHATTEN

Wenn wir an die Nacht denken, denken wir intuitiv an die Dunkelheit. Natürliche Dunkelheit bedeutet aber nicht vollständige Finsternis. So spielt Licht für einige nächtliche Kreaturen eine entscheidende Rolle. Erinnern wir uns nur an die Anpassungen des Sehsinns vieler nachtaktiver Arten, um das spärliche Licht der Nacht besonders effektiv zu nutzen.

Natürliche nächtliche Lichtquellen sind der Mond und die Sterne und auch das Polarlicht. Wobei man festhalten muss, dass sich hinter all diesen Lichtspendern die Sonne – oder eine Sonne – verbirgt. Zum Beispiel unsere eigene, deren Licht vom Mond und anderen Himmelskörpern zurückgeworfen wird oder deren Ionen in der Erdatmosphäre das mystische Polarlicht erzeugen. Aber auch die Sonnen anderer Galaxien, die als Sterne am Nachthimmel leuchten.

Schenken wir unsere Aufmerksamkeit in diesem Kapitel dem Licht und seiner Bedeutung für die Wesen der Nacht.

Nachtlichter

Die meisten Dinge, die wir in unserer Umwelt als gegeben betrachten, sind nur ein vorübergehender Zustand. Letztlich ist vielleicht das ganze Universum nur ein vorübergehender Zustand, doch davon spreche ich nicht. Vielmehr meine ich Ökosysteme und Lebenswirklichkeiten, die für uns selbstverständlich sind, für unsere Vorfahren jedoch ganz anders aussahen. Nehmen Sie zum Beispiel die letzte Eiszeit vor etwa 12 000 Jahren. Beziehungsweise eigentlich die letzte »Kaltzeit«, denn das ist es, was meist gemeint ist, wenn umgangssprachlich von Eiszeiten gesprochen wird. Genau genommen leben wir aktuell trotz des Klimawandels (noch) in einer Eiszeit, von der man spricht, wenn mindestens ein Erdpol das ganze Jahr über vereist ist. Während der letzten Kaltzeit sah die Erde allerdings ganz anders aus. Wo heute Nord- und Ostsee sind, erstreckte sich eine dicke Eisschicht, und auch Berlin läge heute unter diesem Eispanzer.

12 000 Jahre sind viel für einen Menschen, aber erdgeschichtlich sind sie es nicht. Eine Menge Arten, die heute herumlaufen, taten dies auch vor 12 000 Jahren, inklusive uns Menschen. In der Lebenszeit manch anderer Spezies war nicht nur das Klima anders, ganze Kontinente waren nicht dort, wo wir sie heute finden. Während sich Temperaturen, Landschaften und Artzusammensetzungen also von jeher in stetem Wandel befunden haben, ist eine Lebenswirklichkeit seit Anbeginn des komplexen Lebens auf diesem Planeten mehr oder weniger gleich geblieben – der Wechsel zwischen Tag und Nacht.

Wenn wir uns das vergegenwärtigen, scheint es einleuchtend, dass der Wechsel aus Licht und Dunkelheit unsere Ökosysteme maßgeblich geformt hat. Die Länge von Licht und Dunkelheit hilft Bäumen zu bestimmen, wann es Zeit ist, die Blätter für den Winter abzuwerfen. Tiere, die Winterschlaf halten, wissen so, wann das große Futtern beginnt und wann die Zeit gekommen ist, sich für die kalten Monate zurückzuziehen, um diese zu verschlafen. Licht ist ein Taktgeber, und für nachtaktive Arten bilden Lichtquellen wie Mond und Sterne wichtige Orientierungspunkte.

Nicht nur wir Menschen haben die Fähigkeit entwickelt, die Konstellation von Sternen als Wegweiser zu nutzen. Viele Zugvögel nutzen den Sternenhimmel als Richtungsweiser auf ihren

Zugrouten zwischen ihrem Sommer- und Winterquartier. Bereits in den 1960er-Jahren entdeckten Forscher in Nordamerika, dass die Sterne beim Zugverhalten von Vögeln eine Rolle spielen, dabei half ihnen ein ungewöhnlicher Besucher im Planetarium von Flint, Michigan.

Indigofinken verbringen den Sommer in Nordamerika und den Winter im warmen Mittelamerika. Ihren Namen verdanken sie dem leuchtend blauen Prachtkleid der Männchen. Im Frühjahr kehren die spatzengroßen Vögel in den Osten der USA zurück, um in kleinen Nestern aus Blättern und Gräsern ihre blauen Eier zu legen und die nächste Generation von Indigofinken auf die Welt zu bringen. Einigen Tieren kam jedoch auf ihrer Reiseroute etwas dazwischen – die Neugierde der Biologen nämlich.

Etwas mehr als dreißig Vögel wurden auf ihrem Zug eingefangen und in das Planetarium gebracht. In speziellen Käfigen überprüfte man, in welche Richtung die Vögel ihren Zug fortsetzen wollten. Vor ihrem Flug werden Vögel unruhig und hüpfen vermehrt in die Richtung, in die sie losziehen wollen.[1] Mit dieser Methode hatte man bereits zuvor erkannt, dass Vögeln ihre Zugrichtung zum Teil angeboren ist. Das hibbelige Losfliegenwollen der Vögel vor ihrer großen Reise hat es sogar mit dem deutschen Wort »Zugunruhe« in englische Fachzeitschriften gebracht.[2] Nun standen die Käfige jedoch im Planetarium, was es den Wissenschaftlerinnen ermöglichte, ein wenig herumzuexperimentieren. Normalerweise zeigte die Kuppel des Planetariums die natürliche Rotation der Sterne am Nachthimmel. Um zu untersuchen, ob nur der Magnetsinn und die angeborene Orientierung eine Rolle spielen oder auch der Sternenhimmel, verschoben die Forscher kurzerhand den künstlichen Sternenhimmel um einige Grad. Das Ergebnis – die Vögel verloren die Orientierung.[3]

Bereits einige Jahre zuvor hatten zwei deutsche Biologen zeigen können, dass ein bewölkter Nachthimmel die Orientierung bei Grasmücken, einem unserer heimischen Vögel, behinderte,[4] und stellten nach ersten Experimenten mit einzelnen Vögeln im Planetarium die Hypothese auf, dass die Vögel die Sterne zur Orientierung benötigen.[5] Das Verhalten der kleinen blauen Vögel im Planetarium in Flint bestätigte diese Annahme. Heute wissen wir, dass die Sternenrotation den Vögeln dabei hilft, Norden zu finden und so ihren inneren Kompass zu justieren.[6-8] Etwa drei Wochen nächtlicher Himmelsbeobachtung brauchten zum Beispiel junge Rotkehlchen, um die Orientierung mithilfe der Sterne zu lernen.[9] Auch einzelne Sterne, wie der Polarstern oder der Abendstern (Venus), können der Orientierung dienen.

Viele Tiere orientieren sich, ob im Sonnen- oder Mondlicht, an Landmarken wie markanten Hügeln, Flüssen, Seen oder Waldmustern. Wenn man im Meer nach Nahrung sucht, steht diese Option jedoch nicht zur Verfügung. Um herauszufinden, wie Seehunde sich bei ihrer nächtlichen Jagd orientieren, bauten Forschende aus Rostock daher eine Art schwimmendes Planetarium. Sie konnten dadurch zeigen, dass Seehunde in der Lage sind, einzelne Sterne aus verschiedenen Sternenkonstellationen zu erkennen. Möglicherweise nutzen die Meeressäuger also solche Sterne, wenn sie auf offener See unterwegs sind.[10] Auch Nachtfalter[11] und Amphibien[12] orientieren sich zum Teil an Sternen und Mond. Bei den meisten nachtaktiven Tieren wissen wir jedoch noch gar nicht, ob oder wie sie sich mit natürlichen Lichtquellen in der Nacht orientieren.

»Die schönste Nebensache der Welt« ist biologisch betrachtet eigentlich eine ziemlich schlechte Beschreibung. Denn erstens ist Sex – oder etwas biologischer gesprochen Fortpflanzung – keine Nebensache in der Evolution, sondern *die* Sache. Das eine große Ziel, um das sich alles dreht. Wer das bezweifelt, dem sei folgender Gedanke mitgegeben: Es gibt eine ganze Reihe von Arten, die unmittelbar oder zeitnah, nachdem sie sich fortgepflanzt haben, sterben. Zweck erfüllt, Exitus.

Und genau das bringt mich zum zweiten Teil des geflügelten Wortes: Das ist nicht schön.

Neben vielen schmerzhaften, umständlichen und absonderlichen Praktiken im Tierreich ist der Tod durch Fortpflanzung wohl die schlechteste Sexualerfahrung, die man als Organismus auf diesem Planeten erfahren kann. Dieses Schicksal ereilt auch eine bestimmte Gruppe mariner Borstenwürmer. Sie leben zunächst in einem »Atoke« genannten Stadium kriechend im Sand des Meeresbodens. Wenn die Zeit gekommen ist, sich fortzupflanzen, beginnt ein merkwürdiger Prozess der Umformung. Unnützes Zeug, wie der Darm oder Teile der Muskulatur, werden kurzfristig abgebaut. Außerdem bildet der Körper Gliedmaßen aus, die es dem Wurm ermöglichen, sich schwimmend fortzubewegen. Gleichzeitig produzieren Männchen wie Weibchen vermehrt Gameten, also Spermien und Eizellen. Am Ende dieser seltsamen Umformung steht ein Wesen, das man sich als einen schwimmfähigen Gameten-Behälter vorstellen kann. Heerscharen der Würmer können sich so im Wasser schwebend an einem Ort versammeln, um sich dann fortzupflanzen. Man, beziehungsweise Wurm, trifft sich also nach der eigens dafür durchgeführten Metamorphose an Ort und Stelle – und platzt.[13]

Die so freigegebenen Gameten treffen im Wasser aufeinander, befruchten sich, und neues Leben beginnt. Warum erzähle ich Ihnen das? Abgesehen davon, dass ich gerne skurriles Wissen über unsere Tierwelt verbreite, gibt es einen weiteren Grund: Das ganze Prozedere wird durch die Mondphasen bestimmt.

Was zunächst merkwürdig erscheint, hat einen guten Grund. Das Meer ist verdammt groß, und so eine Wurmeizelle und ein Wurmspermium sind ziemlich klein. Würden die Würmer sich zur Fortpflanzung entscheiden, wenn ihnen gerade der Sinn danach steht, würde wohl kaum je ein Spermium auf eine Eizelle treffen. Der Tod des Wurms wäre wohl gleichzeitig der Todesstoß für seine ganze Spezies. Durch die Mond-Synchronisation werden Millionen von Gameten gleichzeitig ins Wasser entlassen, und so ist das Platzen des Wurms nicht nur ein skurriler Akt des Suizids, sondern Teil des ewigen Kreislaufs von Leben und Tod.

Der Mond lässt aber nicht nur Meereswürmer platzen, er beeinflusst die Natur in vielerlei Hinsicht. Wie die Erde den Mond anzieht, zieht auch der Mond die Erde an und damit ihren Wasserkörper. Die daraus resultierenden Gezeiten formen Lebensrhythmen, Zusammensetzung und Erscheinungsbild ganzer Küstenregionen. Für die Lebewesen, deren Leben zwischen Ebbe und Flut stattfindet, dient der Mond als Taktgeber, um beispielsweise den richtigen Moment für Eiablage, Schlupf oder das Verlassen ihrer Höhlen zu bestimmen. Darüber hinaus spendet der Mond zusätzliches Licht in der dunklen Zeit. Erinnern wir uns nur, wie dunkel es in der natürlichen Nacht ist. Da kann eine Portion extra Licht eine immense Auswirkung haben, und selbst der Halbmond ist noch zehnfach heller als das Licht aller Sterne. Kein Wunder also, dass der Mond das Leben vieler nachtaktiver Tiere bestimmt.

Unsere Vorfahren fuhren bei hellem Mond nachts ihre Ernte

ein und nutzten die zusätzlichen Lichtstunden vor allem während der dunklen Jahreszeit, um Socken zu stopfen und andere Tätigkeiten zu erledigen. Für den europäischen Wolf bringt der Mond mehr Beute bei nächtlicher Jagd. In mondbeschienenen Nächten ist sein Jagderfolg fast doppelt so hoch wie in Nächten ohne die extra Beleuchtung.[14] Afrikanische Wildhunde sind an sich vorwiegend tag- und dämmerungsaktiv, in hellen Mondnächten nutzen sie das Lichtfenster jedoch zum Jagen,[15] und auch der afrikanische Mistkäfer nutzt das Licht des Mondes, und das für einen etwas kurios erscheinenden Zweck, nämlich für eine Art »Kacke-Wettlauf«. Der Käfer findet seine Nahrung im Dung anderer Tiere, den er mit seinem feinen Geruchssinn aufstöbert. Um seine heiß begehrten, müffelnden Fundstücke möglichst schnell, das heißt auf gerader Linie vor möglichen Konkurrenten davonzurollen, orientiert er sich am Mondlicht. Ist der Mond nicht sichtbar, kann er sogar das Licht der Sterne dafür nutzen, obwohl Insekten keine einzelnen Sterne erkennen können. Er nutzt das helle Band der Milchstraße, um seinen Winkel dazu zu bestimmen und so zielstrebig geradeaus zu rollen.[16]

Nicht immer ist der Zusammenhang zwischen dem Mond und dem Verhalten der Tiere völlig klar. Schwarzsegler sind beeindruckende Vögel, die etwa acht Monate des Jahres in der Luft verbringen. Sie ziehen von ihren Brutgebieten in den USA und Kanada bis nach Brasilien in ihr Winterquartier. Unterwegs müssen sie ständig fressen und jagen dafür nach Insekten. Tagsüber ziehen sie in wenigen Hundert Metern über das Land, nachts dagegen scheint der Mond die Flughöhe zu bestimmen. Ein Forscherteam der Universität Lund in Schweden stattete mehrere Vögel mit kleinen Datenloggern aus. Auf ihrem Weg von den Rocky Mountains Richtung Amazonasbecken hatten die Vögel so quasi die Wissenschaft im Gepäck. Um den Neumond lag ihre durchschnittliche Flughöhe bei gut eintausend Metern. Um den Vollmond ging es in schwindelerregende Höhen, die Vögel stiegen auf zwei- bis viertausend Meter auf. Sogar eine Mondfinsternis wurde dokumentiert, dabei sanken die Vögel wieder nach unten. Der starke Zusammenhang zwischen Mond und Flughöhe kam für die Forscher überraschend und gibt nach wie vor Rätsel auf. Eine Vermutung ist, dass die Beute-Insekten je nach Mondlicht höher oder tiefer fliegen und sich die Vögel danach ausrichten.[17]

Insekten werden auf vielfältige Weise durch den Mond beeinflusst. Nicht nur, wenn sie mit Dungbällen davonsprinten. Eine Studie, an der auch Kollegen aus meiner Arbeitsgruppe beteiligt waren, untersuchte zum Beispiel den Einfluss des Mondes auf Nachtfalter. Genauer gesagt auf das Liebesleben des Ligusterschwärmers. Sie konnten zeigen, dass männliche Falter ihre Angebeteten zielsicherer und schneller fanden, wenn der Mond über dem Horizont stand. In welcher Mondphase sich die Himmelsscheibe befand, war dabei egal, wichtig war die Position über dem Horizont. Der Mond diente quasi als Kompass.[18] Unser Erdtrabant scheint nicht nur zu bestimmen, wohin Insekten fliegen, sondern auch, wann sie es tun. Ungarische Forscherinnen überprüften mithilfe von Lichtfallen über Jahre hinweg, zu welcher Zeit die erwachsenen Formen verschiedener Insekten auftauchten, besonders die von Nachtfaltern und Käfern. Bei den meisten Arten begann das Ausfliegen der Tiere im letzten Viertel der Mondphase. Einige wenige starteten bei Vollmond, und der Winterfalter bevorzugte offenbar den abnehmenden Mond gegenüber dem zunehmenden.[19] Auch andere Studien fanden einen Zusammenhang zwischen dem Flug der Insekten und der Mondphase.[20] Bei manchen Meeresalgen[21] und Korallen[22] bestimmt der Mond ebenso wie bei den Borstenwürmern, wann sie sich vermehren. Zahlreiche Krebstiere richten ihre Eiablage, ihre Aktivitätsmuster oder ihr Schwimmverhalten nach dem Zyklus des Himmelskörpers aus.[23] Wie bei so vielen Themen rund um unsere atemberaubend komplexe Welt stehen wir auch bei Erforschung der Bedeutung der Nachtlichter noch ganz am Anfang.

Der Mond ist wohl das markanteste unserer natürlichen Nachtlichter, und wie wir gesehen haben, hat sein Licht Spuren in der Natur unserer Welt hinterlassen. Neben Mond- und Sternenlicht gibt es auch noch andere natürliche Lichtquellen bei Nacht. Wenn zum Beispiel Sonnenpartikel in der Erdatmosphäre mit Gasmolekülen zusammenstoßen, passiert etwas magisch Anmutendes. Der Himmel beginnt in wunderschönen Farben zu leuchten. Grüne, gelbe, rote, violette und blaue Lichtbänder ziehen über den Himmel. In Europa nennen wir das Lichtphänomen Nordlicht oder *Aurora borealis*, es tritt aber genauso auf der Südhalbkugel auf und wird dann Südlicht oder *Aurora australis* genannt. Polarlichter gibt es nicht nur auf der Erde, sondern auch auf dem Jupiter und anderen Planeten mit einer Atmosphäre.

Obwohl die ätherischen Lichter die nächtlichen Himmel der Polregionen seit jeher prägen, wissen wir nichts darüber, ob sie für die dort lebenden Wesen der Nacht eine Bedeutung haben. Für unsere Vorfahren, die natürlich noch nichts von Ionenstürmen wussten, kamen sie Magie gleich. Sie schrieben den Polarlichtern allerlei Bedeutungen zu. Die Wikinger sahen in dem Leuchten den Widerschein von den Rüstungen der Walküren und beim Volk der Samen galten sie als böses Omen, man hielt sie für die Seelen der Toten, und in ihrer Präsenz laut zu sprechen, zu pfeifen oder zu singen galt als gefährlich.[24] Die Maori glaubten, die Lichter seien der Widerschein der Feuer ihrer verstorbenen Ahnen.[25]

Eine ungewöhnliche Variante nächtlicher Sonnenlichter ist

das Airglow. Das nächtliche Himmelsleuchten ist in unseren Breiten nur selten zu beobachten. Es scheint ebenso für einzelne, besonders helle Nächte verantwortlich zu sein, über das Menschen schon seit Jahrhunderten berichten.[26]

Seltsame Lichtphänomene haben uns Menschen seit jeher beschäftigt. Vom Polarlicht über seltene astronomische Ereignisse bis hin zu Kugelblitzen. Irrlichter über Gräbern und Mooren wurden dem Reich der Toten zugeschrieben und lieferten Stoff für Mythen und Legenden. Alles nur Einbildung? Nicht ganz. Manch ein Licht, das dem Reich der Mystik und der Fabelwesen zugeschrieben wurde, mag vielleicht tatsächlich existiert haben, denn nicht nur wir Menschen können das Licht anknipsen.

Wenn Organismen Licht ins Dunkel bringen

In Neuseeland gibt es eine ungewöhnliche Höhle. Würden einem Höhlenforscher hier die Batterien seiner Stirnleuchte den Dienst versagen, wäre das kein Problem. Betritt man diese Höhle, ist man entgegen allen Erwartungen nicht von Dunkelheit umgeben. Nein, von der Höhlendecke hängen Tausende mysteriös leuchtende Fäden. Was aussieht wie ein märchenhaft gesponnenes Geflecht aus magischer Seide, sind die Fangfäden einer Mückenlarve.

In Neuseeland und Australien leuchten die Larven der Langhornmücken, deren wissenschaftlicher Name *Arachnocampa luminosa* bereits ihre Leuchtkraft verrät, wo es eigentlich dunkel und feucht ist. In Höhlen, Grotten, unter Baumwurzeln und in Erdspalten. Die Larven nutzen den anziehenden Effekt von

Licht auf andere Insekten, um Beute zu machen. Fliegt ein Insekt, angelockt vom bläulichen Schimmern, gegen einen der Fäden, bleibt es daran kleben und wird verspeist. Eine Art leuchtende Klebefalle also.

A. luminosa verbringt den Großteil ihres Lebens als leuchtende Larve. Die Imagines, die Mückenform nach dem Schlupf der verpuppten Larve, leuchtet ebenfalls, wenn auch deutlich schwächer, und lebt nur wenige Tage. Denn eigentlich besteht der einzige Zweck der Imagines darin, sich fortzupflanzen. So endet ein Leben voller Glanz in romantischer Tragik.

Leuchtende Insekten gibt es nicht nur auf der anderen Seite des Globus, sondern auch bei uns. Wir alle kennen Glühwürmchen, auch wenn wir sie nur selten zu Gesicht bekommen. Die »Würmchen« sind eigentlich Käfer, und von den weltweit über zweitausend Leuchtkäferarten gibt es bei uns nur drei. So selten ihr Anblick ist, so magisch ist er. Tauchen die Tiere in Schwärmen auf, verwandelt sich eine dunkle Waldlichtung in ein Lichterfestival.

Sieht man hier Glühwürmchen fliegen, sind es die Männchen des kleinen Leuchtkäfers. Bei den meisten Arten leuchten allerdings die Weibchen und locken damit Männchen an. Wer glaubt, nur Singlebörsen für partnersuchende Großstädter wären einfallsreich, wenn es um Dating-Ideen geht, liegt also falsch. Auch Leuchtkäfer haben eine kreative Art entwickelt, ihre Verfügbarkeit mithilfe von Leuchtreklamen kundzutun. Wie bei den Langhornmücken in Neuseeland, ist auch bei den Leuchtkäfern das Leben des fertigen Käfers nur der romantische Sommernachtshöhepunkt nach einem langen Dasein als Larve.

Die besten Chancen, das leuchtende Spektakel zu sehen, hat man im Juni und Juli. Aber woher kommt eigentlich das gelbe Glimmen der kleinen Käfer? Das Licht entsteht, wenn ein Enzym namens Luciferase einen Stoff namens Luciferin abbaut.

Luziferin klingt teuflisch, aber auch wenn wir mit Luzifer den Teufel und das biblisch Böse verbinden, bedeutet der Name Luzifer eigentlich etwas sehr Schönes, nämlich Lichtbringer. Ein passender Namensgeber also für unseren biologischen Leuchtstoff. Die chemische Reaktion ist extrem effizient. Es entsteht ein helles Licht, und nur 2 Prozent der freigesetzten Energie entweichen als Wärme – zum Vergleich, bei einer Glühbirne sind es 95 Prozent. Biolumineszenz nennt man diese Fähigkeit von Organismen, selbst (und teils mithilfe von anderen) Licht herzustellen.

Die vielen Leuchtkäferarten haben individuelle Blinksignale, um ihre Partner anzulocken. So kann verhindert werden, dass sich die Käfer gegenseitig dazwischenfunken. Übrigens ist das Leuchten der Glühwürmchen nicht immer so romantisch, wie es aussieht. Einige Leuchtkäfer der Gattung *Photuris* in Nordamerika funken beim Liebeswerben absichtlich dazwischen. Sie täuschen die Männchen anderer *Photuris*-Arten mit deren – eigentlich arteigenem – Leuchtsignal. In freudiger Erwartung einer romantischen Nacht nähern sich dann die entsprechenden Männchen, nur damit diese kurzerhand von den blinkenden Weibchen gefressen werden.[27] Dating kann grausam sein.

Obwohl man bei leuchtenden Organsimen wohl als Erstes an Glühwürmchen denkt, leben tatsächlich die wenigsten Lichtbringer an Land. Besonders viel biologisches Licht wird passenderweise dort erzeugt, wo es wenig Tageslicht gibt.

Begeben wir uns also zusammen unter die Wasseroberfläche des Ozeans. In einigen Metern Tiefe ist nur noch wenig Sonnenlicht vorhanden. Pro Meter Wassertiefe verschwinden etwa zehn Prozent des Lichts. Das Licht verschwindet dabei jedoch nicht gleichmäßig. Zuerst wird das rote Licht absorbiert, sodass schon in etwa fünf Metern Wassertiefe bereits keine rote Farbe mehr erkennbar ist. Als Nächstes verschwindet Orange, dann Gelb und schließlich Grün. Das blaue Licht reicht am tiefsten ins Wasser, dadurch bekommt mit zunehmender Tiefe alles einen Blaustich. Nach etwa 60 Metern ist auch mit dem blauen Licht überwiegend Schluss, nun gibt es vor allem Dunkelheit.

Das führt spannenderweise dazu, dass der Farb-Dresscode unter Wasser ganz anders funktioniert als an Land. So wird die Signalfarbe Rot, die Tiere in unserer Welt als Warnung tragen, unter Wasser zur Tarnfarbe. Viele Tiefseeorganismen sind daher rot oder schwarz. Andere verzichten gleich ganz auf Pigmente – sie sind transparent. Wozu in Farben investieren, die ohnehin niemand sieht?

So schwimmen durch die Tiefsee einige mystisch anmutende Organismen, die teilweise oder ganz durchsichtig sind. Kürzlich konnte erstmals ein Glasoktopus der Gattung *Vitreledonella* gefilmt werden. Das Tier ist, bis auf seine inneren Organe, vollständig transparent. Was bisher nur als Mageninhalt von anderen Meerestieren als schleimiger Glibber bekannt war, entpuppte sich lebend und vor der Kamera als ätherische Schönheit. Ein fantastischer Einblick in eine fremdartige Welt, den Sie sich unbedingt anschauen sollten![28]

In der Dunkelheit kann man nicht nur auf unnötig farbenfrohe Outfits verzichten, es lässt sich auch mit ganz anderen Mitteln Eindruck schinden als an Land, wo es überall leuchtet.

Und so macht eigenes Licht in der Schwärze der Tiefsee ganz schön was her.

Die Gründe, warum Organismen leuchten, sind vielfältig. Manche leuchten, um Partner anzulocken, andere, um Beute zu machen oder sich selbst gegen Fressfeinde zu verteidigen. Da die meisten Leuchtorganismen jedoch in der Tiefsee leben und diese wenig erforscht ist, wissen wir bei vielen Arten schlicht nicht, warum sie leuchten. Je mehr solcher Arten entdeckt und erforscht werden, desto interessanter, lustiger und skurriler wird aber der Blick auf die biologische Welt der Tiefsee! Ein paar Beispiele:

Am bekanntesten ist vielleicht der Anglerfisch. Wobei es nicht den einen gibt, sondern verschiedene Anglerfische, zum Beispiel den Tiefsee-Anglerfisch. Wie der Name verrät, trägt er ein Leuchtorgan an einer Art Gewebeschnur am Kopf mit sich herum, die stark an eine Angel erinnert. Leuchtende Bakterien, die mit dem Fisch in Symbiose leben, ermöglichen ihm, Licht auf sich und seine unmittelbare Umgebung zu werfen. Dabei ist die unmittelbare Umgebung vermutlich der schönere Anblick, denn ansehnlich ist der Fisch nicht gerade, und das ist eine höfliche Beschönigung.

Der Wikipedia-Artikel zur Art beschreibt sie wenig schmeichelhaft als »plumpe Fische mit aufgedunsenen Körpern«. Nimmt man noch das mit langen Fangzähnen besetzte Maul dazu, hat man als kleiner Meeresbewohner also gleich zwei gute Gründe, einem Tiefsee-Anglerfisch nicht begegnen zu wollen.

Während Glühwürmchen ihr Licht selbst herstellen, überlassen neben den Anglerfischen auch weitere Arten die Beleuchtung dem Personal. Beim Korallenfisch *Photoblepharon* sind solche leuchtenden Bakterien in Lichtorganen unter den Augen ansässig. Da sie durchgehend leuchten, kann der Fisch das Licht nicht einfach abstellen. Also reguliert er den Lichtschein mithilfe von lichtdichten Augenlidern. Augen zu, Licht aus, Augen auf, Licht an. Wie eine Tiefseetaschenlampe kann sich der Fisch so quasi selbst an- und ausknipsen.

Licht kann auch als Ablenkungsmanöver dienen. Zum Beispiel, wenn Garnelen und Tintenfische leuchtende Wolken ausstoßen, um ihre Feinde abzulenken oder zu blenden. Die Tiefseequalle *Atolla wyvillei* stößt pulsierende blaue Lichtimpulse aus, wenn sie angegriffen wird.[29] Da das Licht größere Räuber anziehen kann, die auch dem Angreifer der Qualle gefährlich werden können, könnte das pulsierende Licht eine erfolgreiche Verteidigungsstrategie sein. Manche Meereswürmer werfen sogar mit einer Art leuchtenden Bomben nach ihren Feinden.[30]

Besonders beeindruckende Leuchtwesen sind die sogenannten Feuerwalzen. Sie messen bis zu zwölf Meter[31] und sehen teils aus wie riesige, schlauchförmige Gebilde, die sich leuchtend durch die Tiefsee bewegen. Tatsächlich sind Feuerwalzen aber keine skurrile neue Tierart, sondern eine Kolonie von vier bis fünf Millimeter großen Manteltieren in Symbiose mit leuchtenden Bakterien. Also quasi ein Haufen leuchtender Kleinstlebewesen, die auf einem großen schleimigen Schlauch durch die Gegend surfen.

Die vielleicht bizarrste Umsetzung von Beleuchtung in Kombination mit Transparenz findet man beim Gespensterfisch. Der Fisch ist fast am ganzen Körper dunkel gefärbt. Nur am Oberkopf ist er transparent. So sieht man durch die Stirn hindurch zwei große gelb-grüne Kugeln im Inneren des Fischkopfes, die an Augäpfel erinnern. Und tatsächlich sind genau das die Augen des Fisches, nicht etwa die zwei schwarzen kleinen Punkte vorne im Gesicht, die man eigentlich dafür halten würde.

Ein gar nicht bizarres, sondern wunderschönes Beispiel für Biolumineszenz ist das sogenannte Meeresfeuer. Ein blaues bis grünes Leuchten, das man am Strand, aber auch auf dem offenen

Meer beobachten kann. In Jules Vernes mehrfach verfilmtem, 1870 erschienenem Werk *20 000 Meilen unter dem Meer* geht es um die Abenteuer des französischen Professors Pierre Aronnax, der als Gefangener von Kapitän Nemo an Bord von dessen Unterseeboot die Wunder der Tiefsee entdeckt – von Atlantis bis zum weniger fantastischen Meeresleuchten. Was abergläubische Seefahrer wohl einst beim Anblick des Meeresleuchtens zu sehen meinten? Schließlich glaubten sie an Seeungeheuer und See-Einhörner (die sich später als Narwale entpuppen sollten).[32]

Das blaue Funkeln wird von verschiedenen kleinen Meeresorganismen verursacht. Zum Beispiel von Dinoflagellaten wie *Lingulodinium polyedrum*, die, auch wenn sie danach klingen, keine winzigen Dinosauriernachfahren sind, sondern Teil des Planktons. Die Kleinstlebewesen bestehen aus einer einzigen Zelle und können trotzdem etwas, wofür wir technische Geräte und Strom brauchen: Sie machen Licht. Manche von ihnen haben sehr poetische Namen, wie *Noctiluca miliaris*, was so etwas wie Nachtkerze oder Nachtlaternchen bedeutet, oder *Noctiluca scintillans*, das funkelnde Nachtlicht.

Um zu verstehen, was diese kleinen Organismen zum Leuchten bringt, stupsten Forscher sie vorsichtig mit einer Pipette an, und siehe da, sie begannen zu leuchten.[33] Die Reaktion wird vor allem durch Verformung der Einzeller bei Berührungen ausgelöst, so verstärken Scherkräfte im Wasser das Leuchten.[34] Auch am Strand ist es dadurch dort besonders gut sichtbar, wo Wellen, mit den kleinen Leuchten darin, an den Strand rollen.

Die Eigenschaft, durch die Kräfte der Wasserbewegungen loszuleuchten, bringt noch einen anderen spannenden Effekt mit sich. Wenn Wasser an Stellen mit genügend leuchtenden Einzellern von anderen Meerestieren durchschwommen wird, können diese das Leuchten auslösen. So ziehen Robben und Delfine manchmal beim Schwimmen im dunklen Wasser Lichtspuren hinter sich her.[35] Was für ein magischer Anblick das sein muss!

Da eine enorme Zahl der Kleinstlebewesen zusammenkommen muss (Kolonien von bis zu einhunderttausend Zellen pro Liter Wasser), ist das Phänomen nur selten zu beobachten. Vor dem Horn von Afrika formiert sich gelegentlich ein 250 Kilometer langer Leuchtstreifen durch Bakterien, der sogar aus dem All sichtbar ist. Wer einmal in leuchtendem Wasser schwimmen möchte, der muss in die Karibik. Auf Puerto Rico gibt es eine Meeresbucht, die den wenig einladenden Namen Mosquito Bay trägt. Man hätte ihr wirklich einen einladenderen Namen geben können, denn nirgends sonst auf der Welt gibt es so viele der leuchtenden Einzeller. Mangrovenbäume säumen die Bucht, und ihr herabfallendes Laub bringt Nährstoffe für die Dinoflagellaten. Aufgrund einer Meeresströmung werden die kleinen Organismen in der Bucht festgehalten und sorgen so beim Eintauchen ins Wasser für eine spektakuläre Lichtshow.

Versteckte Farben

Nicht alle Tiere, die im Dunkeln leuchten, stellen ihr Licht selbst – oder mithilfe von Symbionten – her. Manche nutzen vorhandenes Licht und werfen es in bestimmten Wellenlängen zurück zum Betrachter. Zum Beispiel die wunderschönen, transparenten Rippenquallen, die mehrere Leisten haben, an denen in Regenbogenfarben leuchtendes Licht flackert wie bei einer blinkenden Weihnachtslichterkette. Erstaunlich viele Tiere scheinen diese sogenannte Fluoreszenz zu nutzen. So leuchten die Panzer von Riesenkarettschildkröten in blauem Licht rot und grün, und der Bauch des nachtaktiven Namibgeckos erstrahlt unter UV-Licht in so hellem Neongrün,[36] dass man sich an ein Knicklicht oder einen Besuch in der Disko erinnert fühlt. Riesenschaben haben leuchtende Bakterien auf ihrem Panzer, mit denen sie einem giftigen Käfer ähneln, Falter offenbaren zuvor unsichtbare Musterungen, Frösche, Chamäleons, Schnabeltiere, Taschenratten, Opossums, Springhasen, verschiedene Haie und das Gefieder vieler Vögel leuchten unter dem Einfall des richtigen Lichts. Auch einige Pilze wie der honiggelbe Hallimasch oder Pflanzen wie das Leuchtmoos erstrahlen auf diese Weise.

Die Farben und Muster sind so vielfältig wie ihre Träger, und sie bleiben uns Menschen überwiegend verborgen. Im Gegensatz zu vielen Fischen, Vögeln und Insekten können wir im UV-Bereich nicht sehen. Es ist, als wären wir alle gehörlos in einer Welt voller Klänge. Ich finde, Fluoreszenz ist ein wunderschönes Beispiel aus der Natur dafür, wie wenig wir auf unsere subjektive Meinung oder Sicht auf die Welt geben sollten. Da draußen ist ein ganzes Universum an verrückten, bunten Farben und Mustern, das Lebewesen hilft, zu kommunizieren, sich zu erkennen, sich fortzupflanzen, sich zu orientieren und wer weiß was noch alles – und wir sehen es nicht. Ja, wir wüssten nicht einmal davon, wenn nicht der eine oder andere verrückte Forscher auf die Idee gekommen wäre, einen Gecko mit UV-Licht anzustrahlen.

OBLIGAT ODER FAKULTATIV?
ODER MAL SO, MAL SO.

Nicht alle Tiere, die nachts aktiv sind, sind ausschließlich nachtaktiv. Viele Tiere passen ihre Nutzungsmuster ihren Umgebungsbedingungen an. Füchse sind beispielweise besonders dort nachtaktiv, wo ihnen tagsüber Gefahren durch Jäger drohen. In der Stadt weichen sie dort in die Nacht aus, wo zu viele Menschen unterwegs sind. Sind sie ungestört, nutzen sie auch den Tag.

Nachts wagen sich die Füchse dann an die Orte, die tagsüber von Menschen bevölkert sind – und treiben dort allerlei Schabernack. So wundern sich deutschlandweit morgens gelegentlich Menschen darüber, dass ihre Schuhe von Terrassen und Hauseingängen verschwunden sind.

BEWOHNER DER NACHT – FLEDERMÄUSE

Vampir oder Wattebausch

Fledermäuse gehören zur Gruseldekoration jeder guten Halloween-Party genauso wie Spinnweben, Gespenster und Skelette. Spätestens seit Bram Stokers *Dracula* wissen wir auch, dass es sich bei jeder Fledermaus um einen potenziellen Vampir handelt. Denn Vampire können sich in Fledermäuse verwandeln, um sich fortzubewegen – natürlich nur, wenn sie nicht gerade in ihrem Sarg schlafen, um sich vor der Sonne zu verstecken. Das klingt absurd, und das ist es natürlich auch, doch jahrhundertelang galten Fledermäuse als fiese, kleine Blutsauger, die den Menschen nachts heimsuchen. Oder von Decken in alten Gemäuern hängend nur darauf warten, sich auf arglose Opfer zu stürzen.

Dabei ernähren sich die meisten Fledermausarten ausschließlich von Insekten, Nektar oder Früchten. Lediglich drei in Südamerika vorkommende Arten, wie der passend zur Mythologie benannte »Gemeine Vampir«, leben tatsächlich vom Blut verschiedener Säugetiere und Vögel. Drei von über tausend Arten, vor denen sich sonst nur Motten, Mücken und reife Früchte in Acht nehmen müssen.

Dass Fledermäuse in unseren Breiten den Menschen ihr Blut aussagen, ist in etwa so wahrscheinlich wie die Verwandlung von Menschen in Vampire. Das verhinderte jedoch nicht die Entstehung diverser Vorurteile gegenüber den flatternden Nachtgeschöpfen. Im Mittelalter galten sie als Boten des Teufels, Dämonen wurden in vielen christlichen Werken mit Fledermausflügeln dargestellt.

Wenn man Fledermäuse von Nahem betrachtet, sehen sie eigentlich aus wie kleine, braune Wattebausche mit Flügeln. Manche sind niedlich, andere sehen ein wenig skurril aus mit ihren riesigen Ohren oder Hufeisennasen. Besonders angsteinflößend ist so eine kleine Kreatur mit platter Nase dann aber auch wieder nicht.

Woher kam also die Abneigung der Menschen? Möglicherweise entstammt die Abscheu dennoch der Furcht. Was wir nicht kennen, nicht greifen und fassen können, das macht uns häufig Angst. Vor allem wenn es mit hektisch flatternden Bewegungen aus dem Nichts auftaucht und sich so schnell bewegt, dass wir es kaum erkennen können. Dazu noch zu einer Tageszeit, in der wir uns ohnehin verletzlich und wehrlos fühlen, weil unsere Sinne nicht richtig funktionieren. Der Bildungsgrad der meisten Menschen im Mittelalter war gering, und ihr Leben war an vielen Stellen von Mythen und Aberglauben geprägt. Glaube wie Aberglaube halfen dabei, Erklärungen für scheinbar Unbegreifliches zu finden.

Zum Glück haben wir heute einen anderen Zugang zu Wissen, und wenn wir etwas nicht verstehen oder kennen, können wir, statt Dinge zu erfinden, einfach einmal genauer hinsehen. Das lohnt sich auch hier, denn die Fledertiere haben so einige spannende Geschichten zu erzählen. Aber fangen wir am Anfang an.

Laut Fossilfunden sind Fledermäuse mindestens fünfzig Millionen Jahre alt und sahen schon damals im Grunde aus wie heute. Betrachtet man ihre Skelette, ähneln manche sogar dem unsrigen. Wie ein Miniaturmensch mit überlangen Fingern.

Sie sind die einzigen fliegenden Säugetiere des Planeten. Es gibt zwar einige gleitende Säugetierarten, aber das kann man wohl eher nicht als echtes Fliegen bezeichnen (aber verraten Sie es dem Riesengleithörnchen nicht). Möglicherweise wurzelt die

Bodenhaftung der meisten Säugetiere darin, dass der Luftraum von Vögeln dominiert wurde und wird. Erinnern Sie sich noch an die Sache mit der Nische und dem Ausweichen? Vielleicht war der Konkurrenz- und Räuberdruck in der Luft am Tag einfach zu groß, und so konnten sich nur die nachtaktiven Fledermäuse entwickeln. Im Golf von Guinea, den Gewässern vor der Küste Nigerias, Kameruns und Gabuns, liegt eine kleine Insel namens São Tomé. Dort gibt es keine Raubvögel, dafür aber tatsächlich auch am Tage aktive Fledermäuse.[1] Einige den Fledermäusen verwandte Flughunde sind tagaktiv, ansonsten gehört der Luftraum am Tag aber den Vögeln. Wer weiß, gäbe es die Vögel nicht, dann hätten wir womöglich tatsächlich fliegende Hörnchen.

Flatternde Vielfalt

Nun wollen wir bei der Vielfalt fliegender Säugetierarten aber auch nicht untertreiben. Schließlich gibt es etwa 1400 verschiedene Fledertier-Arten. Das ist eine ganze Menge, besonders wenn man bedenkt, dass es insgesamt nur an die 6500 Säugetierarten auf dem gesamten Planeten gibt. Und die Vielfalt der Fledertier-Arten ist enorm. Die kleinste Fledermaus (die Hummelfledermaus) ist nur etwa drei Zentimeter groß und wiegt etwa zwei Gramm. Die größte Fledermaus (die Australische Gespenstfledermaus) bringt es auf 14 Zentimeter und 200 Gramm, das Hundertfache – stellen Sie sich diese Gegensätze einmal beim Menschen vor. Nimmt man alle Fledertiere, werden sie noch beeindruckender. Die größten Flughunde der Erde erinnern schon fast an Flugsaurier und bringen es auf über eineinhalb Meter Flügelspannweite.

Unsere größte einheimische Fledermausart ist das Große

Mausohr, vielleicht haben Sie es schon das eine oder andere Mal in der Dämmerung flattern sehen. Die Art hielt gerade erst eine große Überraschung für die Wissenschaft bereit, denn Forscher entdeckten ganz erstaunliche Fähigkeiten bei den Tieren. Das Große Mausohr ist das erste bekannte Säugetier, das akustische Mimikry verwendet.[2] Mimikry kennen Sie alle. Sie ist am Werk, wenn Sie kurz erschrecken, weil Sie denken, eine Wespe sitze auf Ihrem Arm, nur um dann festzustellen, dass es sich um eine harmlose Schwebfliege handelt. Ein Tier ganz ohne wehrhaften Stachel imitiert also den Look eines wehrhaften. Gefährlich auszusehen hat schließlich viele Vorteile – wer möchte schon versuchen, jemanden zu fressen, der sich so gut verteidigen kann? Was hier optisch funktioniert, geht auch mit Tönen. So imitieren die Mausohren, wenn sie berührt werden und sich bedroht fühlen, das Summen von Honigbienen und Hornissen, und das so gut, dass die Geräusche sogar Laboruntersuchungen der Wellenlägen und Frequenzen standhielten. Die Forscher vermuteten, dass die Rufe dazu dienen, Eulen abzuschrecken, die wichtige Fressfeinde der Mausohren sind. Als sie die Rufe zur Überprüfung wilden Eulen vorspielten, reagierten diese tatsächlich mit Rückzug.

Auch das Alltagsleben der Fledermäuse ist interessant. Wussten Sie zum Beispiel, dass spezielle Sehnen es den Fledermäusen ermöglichen, ohne Muskelanspannung zu hängen? Im Gegensatz zu uns könnten sie also während eines Klimmzugs einschlafen. Schlafen und Ruhen im Hängen bringen einige Vorteile mit sich. An Höhlendecken hängend ist man zum Beispiel besser vor Feinden geschützt, vor allem aber müssen die Tiere im Notfall nicht erst gegen die Schwerkraft anflattern, sondern können sich einfach fallen lassen.

Besonders ist auch das Altern der Fledermäuse. Trotz der Namensgebung haben Fledermäuse wenig mit Mäusen gemein, und bei ihrer Lebensspanne zeigt sich dies besonders eindrucksvoll. Während Hausmäuse nur etwa drei Jahre alt werden, leben einige Fledermausarten mehr als zehn Mal so lange. Sogar Individuen von mehr als vierzig Jahren wurden schon gefunden. Die genauen Mechanismen des Alterns sind noch immer ein großes Rätsel für die Wissenschaft. Bekannt ist jedoch, dass sich Zellen nicht unbegrenzt teilen können. An den Enden der Chromosomen befindet sich eine Art Schutzkappen, die Telomere. Bei jeder Zellteilung werden sie kürzer; sind sie abgenutzt, stirbt die Zelle. Bei vielen Fledermäusen scheinen sich die Telomere jedoch wesentlich langsamer abzunutzen, sie werden quasi immer wieder repariert.[3] Auch wenn es noch mehr offene Fragen als Antworten gibt, könnte das ein spannender Hinweis darauf sein, warum die kleinen Säuger so außergewöhnlich lange leben.

Manche Fledermausarten bewältigen wie Vögel weite Distanzen zwischen Sommer- und Winterquartieren. Eine nur zehn Gramm schwere Rauhautfledermaus stellte vor einer Weile einen neuen Rekord auf. Sie war in ihrem Sommerquartier in Lettland beringt worden und tauchte später über 2200 Kilometer entfernt in Spanien wieder auf. Das Tier war die Strecke vermutlich schon häufiger geflogen.[4] Die meisten Fledermäuse in den nördlichen Breiten verfolgen jedoch eine andere Strategie, um dem insekten- und damit beutearmen Winter zu entgehen – sie verschlafen ihn. Daher können wir die Tiere vor allem zwischen Mai und September beobachten; in der Zeit dazwischen suchen sie geeignete Winterquartiere auf, in denen es dunkel und nicht zu kalt ist.

Um die lange Zeit auszuhalten, reicht es nicht, dass sich die Tiere Speckreserven anfuttern, sie müssen auch ihren Stoffwechsel massiv drosseln, während sie ruhen. Je nach Art reduziert sich der Herzschlag von 700 bis 1000 Schlägen pro Minute im Sommer auf unglaubliche 12 bis 70 während des Winterschlafs. Um nicht zu frieren, spenden sich die Tiere gegenseitig Wärme. Viele Fledermäuse übernachten in kleinen Kolonien. Gelegentlich gibt es auch regelrechte Übernachtungspartys – in einem Bunkersystem in Polen überwintern jedes Jahr bis zu 30 000 Tiere zwölf verschiedener Arten. In Berlin gibt es 31 offizielle Fledermauswinterquartiere, besonders groß ist mit etwa 10 000 Wintergästen die Zitadelle Spandau.

Übrigens schlafen die Winterschläfer nicht durchgehend. Auch Fledermäuse stehen ab und zu mal auf, um etwas zu trinken oder einfach mal kurz aufs Klo zu gehen.

Da im Frühling der Nachwuchs der Fledermäuse kommen soll, musste die Evolution bei den winterschlafenden Tieren kreativ sein. Ihre Paarung passiert zwar im Herbst und Winter, die Eizelle wird jedoch nicht direkt befruchtet. Der Samen kann über Monate aufbewahrt werden, und erst wenn es gegen Frühling geht, findet eine Befruchtung statt. So wird verhindert, dass die Schwangerschaft zu früh beginnt, kostbare Energie im Winter verbraucht wird und die Kinder zu früh geboren werden.

Ganz im Gegensatz zu ihren Namensvettern bekommen Fledermäuse übrigens nur wenig Nachwuchs, meist wird nur ein einziges Jungtier im Jahr geboren, und die Kinder werden liebevoll und intensiv gepflegt. Fledermäuse sind sehr soziale Tiere, die sogar über die Fähigkeit verfügen, sich das Verhalten von anderen Mitgliedern der Gruppe abzugucken und so dazuzulernen.[5] Sie putzen sich gegenseitig und teilen ihre Nahrung mit hungrigen Artgenossen. Dabei entwickeln sich zwischen zuvor fremden Tieren über gemeinschaftliches Wärmen und wechselseitige Fellpflege im Laufe der Zeit enge Freundschaften, in denen sich die Tiere in Notlagen gegenseitig aushelfen.[6]

Bei all ihren spannenden Facetten hat die Forschung einer Fähigkeit der Fledermäuse besonders viel Aufmerksamkeit gewidmet, ihrer Kommunikation im Ultraschallbereich. Fledermäuse setzen zur Orientierung auf einen völlig anderen Ansatz, als wir es mit dem Sehsinn tun.

Sie stoßen Laute zwischen 15 und 150 Kilohertz (also 15 000 bis 150 000 Hertz) aus und bestimmen anhand der Reflexion der Geräusche, die sie aus ihrer Umgebung zurückbekommen, die Struktur der Objekte um sie herum und die Distanz zu diesen. Sie nutzen also eine Art Echolot und Sonar, und ihre Ohren fungieren als ihre Augen. Fledermäuse können durchaus Geräusche machen, die wir Menschen hören können. Die Rufe im hörbaren Bereich erinnern an ein helles, aufgeregtes Vogelzwitschern. Der Großteil ihrer Rufe spielt sich aber im Ultraschallbereich ab und ist damit außerhalb unserer Wahrnehmungswelt, denn für uns ist ab etwa 18 Kilohertz bereits Schluss. Unsere eigene Sprache klingt zwischen 2 und 5 Kilohertz. Ob das wohl bedeutet, dass wir für Fledermäuse wie die tiefen, verzerrten Entführer-Anruferstimmen klingen, die wir aus Krimis kennen?

Um sich per Ultraschall orientieren zu können, müssen Fledermäuse nicht nur hohe Töne erzeugen, sondern natürlich auch sehr gut hören können. Das erklärt auch besagte große Ohren und komischen Nasen und Gebilde im Gesicht der Tiere, die dazu dienen, den Schall einzufangen. Bei der Verarbeitung der Echos hilft den Fledermäusen die Fähigkeit, seltene Geräusche schon im unbewussten Stammhirn von häufigen Geräuschen zu unterscheiden.[7] Ihre Technik ist so fein, dass sie damit Objekte mit ein paar hundertstel Millimetern Durchmesser wahrnehmen können, das ist weniger als ein menschliches Haar! Wen überrascht es da noch, dass sie mithilfe dieses fantastischen Sinns blitzschnell und zielsicher navigieren und Jagd auf ihre Beute machen können. Sobald sie ein Beutetier per Echo oder durch ein verräterisches Geräusch entdeckt haben, stoßen sie viele schnelle Laute aus, teils nur eine hundertstel Sekunde lang. Sie überschwemmen den Nachthimmel mit ihrem Schall und können sogar verschiedene Insektenarten anhand ihrer Reflexion unterscheiden. Einige Hundert bis tausend Mücken, Fliegen und andere Nachtschwärmer fangen sie in einer einzigen Nacht und fressen so fast ein Drittel ihres eigenen Körpergewichts an Insekten.

Natürlich dienen die Laute der Fledermäuse nicht nur der Jagd und der Orientierung, sondern ebenso wie bei uns vielen anderen Zwecken der Kommunikation. Sie sind so spezifisch, dass man anhand von Geräuschanalysen einzelne Arten unterscheiden kann. Ähnlich wie Menschenbabys müssen auch Fledermauskinder erst lernen, sich auszudrücken, und sie tun dies auch auf die gleiche Weise: Sie brabbeln, ahmen Laute nach, testen, wie diese klingen, und variieren sie.[8]

Manche Fledermäuse nutzen die Paarungsrufe ihrer Beute aus, um diese aufzuspüren und zu identifizieren. So können Fransenlippenfledermäuse anhand der Paarungsrufe von Fröschen erkennen, ob es sich um für sie genießbare oder giftige Arten handelt. Dafür müssen die Tiere in der Lage sein, sich zu merken, wie welche Arten klingen. Forscherinnen aus Texas wollten wissen, wie gut sich die Fledermäuse solche Geräusche merken können. Sie machten dafür einen ungewöhnlichen Test. Sie brachten wildgefangenen Fledermäusen bei, auf einen Klingelton zu reagieren, und ließen die Tiere anschließend wieder frei. Als sie sie nach mehreren Jahren wieder fingen, konnten die Tiere den Klingelton noch immer erkennen. Fledermäuse, die sie nicht trainiert hatten, konnten das nicht.[9]

Die Fähigkeit, sich mithilfe des Gehörs im Raum zu orientieren, haben wir Menschen von den Fledermäusen kopiert. So können blinde Menschen durch Klicklaute ebenso ein Echolot erzeugen.[10] Menschen, die schon früh erblindet sind, können die Methode so gut erlernen, dass sie sich selbst auf unbekanntem Terrain ohne Blindenstock bewegen können.[11] Inzwischen haben Forscher herausgefunden, dass sich sogar das Gehirn dieser Menschen umgewöhnt und der visuelle Kortex, der sonst Sehreize verarbeitet, beim Verarbeiten der Echos anspringt und so im wahrsten Sinne des Wortes ein Bild der Umgebung im Kopf der Blinden erzeugt. Auf der Seite der Organisation »World Access for the Blind« können Sie mehr über diese tolle Methode erfahren, die das Leben blinder Menschen bereichert. Auf Fledermauslevel werden wir Menschen es allerdings nie bringen, dafür fehlt uns schlicht die richtige Ausstattung, denn Fledermäuse besitzen nicht nur das wesentlich feinere Gehör, sondern sie verfügen auch über die Möglichkeit, ihre Ohren zu drehen.

In Deutschland kommen 25 Fledermausarten vor, leider sind die meisten gefährdet, einige sogar vom Aussterben bedroht. Wir müssen den Tieren wieder mehr Lebensraum und Quartiermöglichkeiten geben und dem Insektensterben Einhalt gebieten, wenn wir sie nicht verlieren wollen.

Heute glauben die meisten von uns zwar nicht mehr an Dämonen oder Vampire, ihren schlechten Ruf sind die Fledermäuse allerdings noch immer nicht ganz losgeworden. Was früher der Höllenbote war, ist heute die Keimschleuder. In Zusammenhang mit der Corona Pandemie und der Darstellung von Fledermäusen als Krankheitsreservoir für den Menschen hat ihr Ruf erneut gelitten. In den Tagesmedien werden sie oft einseitig als Krankheitsüberträger dargestellt, über ihre faszinierenden Fähigkeiten, ihr Alltagsleben oder ihre Bedeutung für unsere Ökosysteme spricht dagegen kaum jemand, und so entsteht ein Ungleichgewicht.

Verstehen Sie mich nicht falsch, Fledermäuse *sind* Reservoire für Viren und andere Krankheitserreger. Wissen Sie, wer noch Reservoire für Keime sind? Menschen. Genauso wie alle anderen biologischen Lebewesen, und vielleicht weil Fledermäuse schon so lange auf unserem Planeten leben, tragen sie vielfältige Erreger in sich. Wenn wir die Tiere jedoch nicht bedrängen, nicht ihren Lebensraum vernichten, ihnen unsere Nähe aufzwingen, sie nicht jagen oder essen, haben wir nichts von ihnen zu befürchten. Denn wenn es zur Übertragung von Krankheiten von Wildtieren auf den Menschen kommt, ist dies meist durch menschliches Verhalten verursacht.

Fledermäuse sind ein wichtiger Bestandteil der Natur, zum Beispiel als Blütenbestäuber. Das ist aber noch nicht alles. So helfen tropische Fledermäuse bei der Pflege von Kaffeeplantagen und anderen tropischen Kulturpflanzen. In Studien in Panama und Mexiko wurden Plantagenpflanzen wahlweise tagsüber oder nachts mit Netzen abgedeckt, um zu untersuchen, wie viele Schädlinge von Vögeln (am Tag) oder Fledermäusen (in der Nacht) verputzt werden. Dabei zeigte sich, dass Fledermäuse erfolgreiche biologische Schädlingsbekämpfer sind.[12, 13] Auch bei der Wiederaufforstung von gerodeten Flächen können die kleinen Flattermänner hilfreich sein, denn sie verbreiten die Samen von bis zu sechzig verschiedenen Pflanzenarten auf den offenen Flächen.[14]

Wie wir gesehen haben, sind Fledermäuse wirklich faszinierende Wesen, und ein Kapitel reicht nicht ansatzweise, um ihnen gerecht zu werden. Wer trotzdem noch nicht überzeugt ist, dass Fledertiere tolle Kreaturen sind, der sollte sich mal im Internet Bilder und Videos von Pflegestationen für verwaiste Flughundkinder ansehen. Die Tiere sind natürlicherweise schon so niedlich, dass man sie einfach gernhaben muss. Nun werden sie jedoch, um sich warm und sicher zu fühlen und sich nicht zu verletzen, auch noch in winzige Decken gewickelt und sehen dadurch aus wie kleine Flughund-Burritos. Wenn sie dann noch genüsslich schmatzend eine Banane schnabulieren, ist es endgültig um Sie geschehen.

Wer selbst Fledermäuse beobachten will, geht am besten bei Dämmerung spazieren. Es ist ohnehin eine wunderschöne Zeit, um ein kleines Abenteuer zu starten. Über Wiesen oder am Wasser kann man die Tiere dann häufig bei der Jagd beobachten. Wer einmal einen Blick für sie entwickelt hat, entdeckt sie häufig überall. Nutzen Sie doch einen der ersten warmen Abende des Jahres oder eine laue Sommernacht und gehen Sie auf Fledermauspirsch! Es kann großen Spaß machen, die faszinierenden Wesen zu beobachten. Und wenn Sie noch tiefer in ihre Welt eintauchen wollen, besorgen Sie sich einen Fledermausdetektor, dann können Sie mit ein wenig technischer Hilfe an der uns sonst verborgenen Welt des Ultraschalls teilhaben und den kleinen Flattermännern sogar beim Quasseln zuhören.

Zart, aber zäh

Haben Sie schon mal eine Fledermaus aus der Nähe gesehen? Ich meine so richtig nah. Nicht als schwirrender schwarzer Schatten, sondern so, dass Sie sie wirklich mit all ihren Einzelheiten erfassen konnten? Meine erste wirklich nahe Begegnung mit Fledermäusen war eine faszinierende Erfahrung. Ich wohne in Berlin nah am Wasser und bin gerne abends am Ufer und beobachte, wie der Tag sich langsam verabschiedet und in die Nacht übergeht. Wenn die Farbe des Lichtes sich Stück für Stück verändert, die Welt zuerst rötlich und später gelblich und türkisfarben erscheint, bis sich schließlich der blaue Filter der Abenddämmerung über alles legt. Das Geländer am Ufer, die Boote im Wasser, die Häuser auf der anderen Uferseite, Schilder und Bäume erscheinen nun in Blautönen, und die Tiefenwirkung der Dinge wirkt fast aufgehoben. Ich mag die Ruhe, die zu dieser Zeit oft herrscht, nur durchbrochen von dem leisen Plätschern der Wellen, die der Wind gegen den Rumpf der vertäuten Boote schlägt. Ab und zu hört man eine Möwe – auch so eine verrückte Sache in Berlin, die nun wirklich nicht als Küstenstadt bezeichnet werden kann.

Einige wenige Enten und Blesshühner sind gelegentlich noch unterwegs. Mit dem Verschwinden des Tageslichts verschwinden jedoch auch die typischen Wasservögel, die man hier tagsüber beobachten kann und die sich nun, zu dieser späten Stunde, zum Schlafen zurückziehen. Wenn ich dort am Ufer stehe und den Blick über das Wasser gleiten lasse, dauert das nicht lange, bis ich den ersten schwarzen Schatten vorbeihuschen sehe. Über dem Wasser schwirren nun kleine Insekten, bis sich lautlos – zumindest für mich – eine der flinken Jägerinnen über sie hermacht.

Mit einer wahnsinnigen Geschwindigkeit schießen die Fledermäuse über die Wasseroberfläche. Es ist unmöglich, dabei mehr als einen schwarzen Scherenschnitt vor dem blauen Abendhimmel auszumachen. Ich stehe da und sehe zu, wie sie über meinen Kopf hinweg ins Dunkel des Blätterwerks und wieder zurück aufs Wasser sausen. Nur der flüchtige Eindruck der Silhouette und das Flugverhalten identifizieren sie eindeutig als Fledermäuse. Durch ihre teils ruckartigen Bewegungen und die schnellen Richtungswechsel erinnern sie mich an ihre flatternde Beute, die Falter, auf die sie es nun abgesehen haben. Das Flugbild einer Fledermaus hat wenig von dem eines Vogels. Zumindest eines nüchternen Vogels. Es wirkt viel mehr, als würde ein stark alkoholisierter Vogel nach einer durchzechten Nacht nach Hause fliegen und dabei von nächtlichem Heißhunger getrieben versuchen, im Vorbeifliegen das eine oder andere Insekt abzugreifen.

Schlechte Lichtverhältnisse und wildes Geflatter sind nicht die besten Voraussetzungen, um Details zu erkennen. Umso mehr freue ich mich, als ich an einem Mittwochmorgen im Juli von meinem Wecker geweckt werde und gleich nach dem ersten Gedanken, dass es erst drei Uhr morgens und viel zu früh ist, die Erkenntnis an meine Bewusstseinsgrenze klopft, dass es einen guten Grund dafür gibt, heute so früh aufzustehen. Ein Abenteuer wartet auf mich.

Neue Erfahrungen

Eigentlich stecke ich gerade mitten in einem Umzug. Es gilt Sachen einzupacken, Möbel abzubauen und all die anderen Dinge zu tun, die dabei so anfallen. Wie es so oft im Leben passiert, haben mir Alltag und Notwendigkeiten meine schönen Pläne durchkreuzt, die ich in der Vergangenheit voller naiver Vorfreude geschmiedet hatte. So muss ich nun darauf verzichten, eine ganze Woche in Mecklenburg-Vorpommern zu verbringen, wohin ich mich gleich auf den Weg machen werde.

Zumindest diesen einen Tag wollte ich mir jedoch nicht nehmen lassen. So krieche ich an diesem Morgen nicht im Garten einer Naturschutzstation im Naturpark Nossentiner/Schwinzer Heide entspannt um sechs Uhr aus meinem Zelt, sondern fahre zu dieser frühen Stunde über die Stadtautobahn einmal quer durch Berlin und verlasse die Stadt in Richtung Norden. Während ich in gemütlichem Tempo, mit einem wirklich schlechten, schwarzen Kaffee im Becherhalter, über fast leere Straßen fahre, betrachte ich die Lichtveränderungen. Als sich langsam die

Sonne über den Horizont schiebt, denke ich, dass es sich dafür bereits gelohnt hat, so früh aufzustehen.

Vor Ort angekommen, schnappe ich mir meinen Rucksack, setze mich auf eine Treppenstufe und warte auf meinen Kollegen. Martin und seine Frau Bianca sind jedes Jahr hier im Einsatz. Ich kenne die beiden durch meine Arbeit in einer Forschungsgruppe zur nächtlichen Biodiversität und Lichtverschmutzung und darf sie heute begleiten. Beide kennen sich gut mit Fledermäusen aus, Bianca hat ihnen sogar ihre Doktorarbeit gewidmet. Durch ihren Einsatz hier tragen Martin, Bianca und die anderen Helfer dazu bei zu erfassen, wie es um die Fledermäuse im Naturpark steht.

Dafür müssen die kleinen Fledertiere eingefangen, untersucht und mit Ringen ausgestattet werden, ähnlich wie mancher es vielleicht von der Vogelberingung kennt. Zu mehreren Zeitpunkten im Jahr werden Tiere gefangen und kontrolliert, und anhand des Anteils derjenigen Tiere, die einen Ring tragen, lässt sich bestimmen, wie viele Tiere im Gebiet vorkommen (die Fang-Wiederfang-Methode, Old-School-Ökologie, aber immer noch eins a). Auch das Schicksal einzelner Individuen lässt sich anhand der eindeutigen Kennung auf dem Ring nachvollziehen.

Wenn Zugvögel beringt werden, werden sie unter anderem mit Netzen gefangen, und auch Fledermäuse können mithilfe solcher Netze aus der Luft gefangen werden, zum Beispiel, wenn sie sich auf ihren Zugrouten befinden. Für die Fledermäuse hier im Naturpark läuft die Sache entspannter ab. Keine Fangnetze, keine Verfolgungsjagden, keine Fallen oder Netzkanonen. Im Gegenteil, das »Fangen« der Tiere erinnert mehr an das Pflücken von Äpfeln. Aber eins nach dem anderen. Ein Auto nähert sich auf der schmalen Straße, das müssen sie sein. Kein Mensch oder Auto ist sonst zu sehen. Die weiteren Helfer, die hier übernachtet haben, sind bereits draußen.

Gemeinsam starten wir in Richtung Wald. Obwohl ich für meine Arbeit hin und wieder in diese Situation komme, fühlt sich ein Auto an diesem Ort einfach fehl am Platz an. Wie alles Ungewohnte hat es jedoch auch einen gewissen Reiz für mich. Besonders wenn ich allein unterwegs bin und mit dem Geländewagen auf unbefestigten Wegen durch den Wald fahre, komme ich mir manchmal vor wie eine Forscherin auf einem neu entdeckten Planeten oder wie die Überlebende in einer postapokalyptischen Welt. Vielleicht ist es die Müdigkeit, vielleicht ist mir auch der Kaffee, den ich normalerweise nicht trinke, zu Kopf gestiegen. Jedenfalls kommt mir die Fahrt auch heute wieder surreal vor.

In der Nähe des ersten Standorts angekommen, lassen wir das Auto stehen. Den Rest werden wir aus Waldschutzgründen zu Fuß gehen. Martin nimm die Leiter vom Dach des Autos, ich greife mir meinen Rucksack, Bianca einen Beutel mit Equipment, und wir marschieren los. Kurz halte ich inne, um die Wirkung des Waldes aufzusaugen. Die noch tief stehende Sonne wirft schräge Lichtstrahlen durch das Grün der Bäume und beleuchtet sanft das Gras und Moos, das hier zwischen Nadelbäumen noch frisch erscheint. Außerhalb des Waldes hat ein weiterer zu heißer und trockener Sommer längst alles Grün in braunes Ödland verwandelt. Bei genauerem Hinsehen sind auch hier verdorrte Stellen im Moos zu erkennen. Nichtsdestotrotz wirkt der Wald lebendig, und das Licht der Sonne kreiert eine magische Stimmung. Beseelt von diesem Eindruck folge ich Martin und Bianca durch das Unterholz zu einem ganz bestimmten Baum.

Weit oben an seinem Stamm hängt das Objekt unserer Begierde. Ein schwarzer, unauffälliger Kasten, in dem sich hoffentlich Fledermäuse befinden. In einem einzigen solchen Kasten können mehrere Hundert Tiere sitzen. Sie kuscheln sich zusammen und nutzen die Wärme der Gemeinschaft. Fledermäuse brauchen Wärme, um zu fliegen, also um auf Betriebstemperatur zu kommen.

Martin steigt auf die Leiter und nimmt den Fledermauskasten vom Baum. Vorsichtig steigt er mit dem Kasten die Leiter hinab, legt ihn auf den Boden und wirft dann einen geschulten Blick hinein. Dafür muss er durch die schmale Einflugöffnung am unteren Ende sehen, die er vor dem Herunternehmen vorsichtig mit einem Stück Schaumstoff verschlossen hat.

Wäre er voller Tiere, würden wir den gesamten Kasten mit in die Station nehmen. Da sich jedoch nur wenige Fledermäuse darin befinden, entschließen sich die beiden, die Tiere vor Ort einzupacken und den Kasten zurück an den Baum zu hängen. Im Inneren des künstlichen Schlafplatzes hängen die Fledermäuse an Lamellen, von denen sie nun vorsichtig abgesammelt werden. Normalerweise ist es so früh am Morgen noch kühler im Wald, sodass die Fledermäuse ihre Betriebstemperatur nicht erreicht haben, wenig beweglich sind und einfach aus dem Kasten »gepflückt« werden können.

Durch die warmen Temperaturen sind heute jedoch einige Tiere schon aktiv und munter, und Martin und Bianca müssen aufpassen, dass sie nicht entwischen. Vorsichtig, aber mit einer routinierten Bestimmtheit sammeln die Biologen die Fledermäuse aus dem Kasten und stecken sie in einen Stoffbeutel. Ich beschrifte ein kleines Zettelchen mit der Nummer des Kastens und werfe ihn mit hinein. Auf dem Rückweg zum Auto halte ich den Beutel mit den Fledermäusen. Was für die anderen Routine ist, lässt mein Herz höher schlagen. Ich spüre, wie die Tiere im Inneren des Säckchens flattern, und höre ihre zwitschernden Geräusche.

Eine Sache, die man lernt, wenn man als Feldforscherin arbeitet, ist, dass das beste Equipment nicht das teuerste oder

professionellste ist, sondern das, was sich in der Praxis als nütz-
lich erwiesen hat. So erkennt man häufig die Expertise und
Erfahrung von Forschenden gerade an den kreativen oder wit-
zigen Lösungen, die sie entwickelt haben, um im Feld gut arbeiten zu können. Das kann eine »aufgemotzte« Falle für ein
Tier sein – wie beim Auslösemechanismus für Waschbärfallen,
der sich innerhalb der Falle in einer kleinen Kiste versteckt,
sodass wirklich nur Waschbären mit ihren geschickten Händen
ihn erreichen können. Oder jeder andere Alltagsgegenstand,
der zweckentfremdet und so zu einem nützlichen Feldwerkzeug
wurde. Ich mag es sehr, diese kleinen Dinge bei Kollegen, die
mit anderen Arten arbeiten, zu entdecken. So auch an diesem
Morgen, als Bianca die Autotür zur Rückbank öffnet und kurz
herumwerkelt. Als der Blick frei wird, sehe ich, dass sie nahe un-
terhalb des Autodachs – mit einem Haken am Haltegriff über
dem Fenster befestigt – eine Schnur gespannt hat. Wie eine
Wäscheleine ist sie nun über die Rückbank des Autos gespannt,
und daran baumelt, statt Socken und Co., der Beutel mit den
Fledermäusen.

Im Laufe des Morgens besuchen wir weitere Standorte, tüten
Fledermäuse in kleine Säckchen und tragen sie zum Auto. Bis
auf einen Kasten mit sehr aktiven Fledermäusen, bei denen es
einigen Tieren beim Versuch, sie einzusammeln, gelingt zu entwischen, läuft alles glatt. Auf der Fahrt zurück zur Station baumeln neben mir über der Rückbank viele bunte Säckchen, aus
denen es zwitschert und zirpt, und ich kann mir ein Schmunzeln nicht verkneifen.

Dass dieser Anblick noch zu überbieten ist, sehe ich, als wir
kurze Zeit später an der Station ankommen. Auch die anderen
Helfer haben an verschiedenen Orten Fledermäuse eingesammelt. Beutel für Beutel wird, nebst einigen eingesammelten Kästen, in eine Scheune gebracht. Darin steht ein ordinärer Wäsche-

ständer, an dem mit bunten Wäscheklammern befestigt Fledermausbeutel baumeln. Schnell zücke ich das Handy, um ein Foto von diesem Anblick zu machen, bevor sich die Türen der Scheune schließen, damit die Tiere im Dunkeln auf ihre Beringung warten können.

Vorsicht ist die Mutter der Porzellankiste

An zwei Stationen werden alle benötigten Materialien aufgebaut. Auf Zeitungspapier ausgelegt finden sich eine kleine Waage, ein Messschieber, Lineale, Schreibutensilien, ein leerer Fledermauskasten, Schaumstoff zum Verschließen der Öffnung und Päckchen mit Ringen verschiedener Größen. Alle Teammitglieder sind bereit, tragen Handschuhe und FFP2-Masken (nicht um sich vor den Fledermäusen zu schützen, sondern diese vor menschlichen Keimen). Es kann losgehen. Ich schließe mich Martin und Bianca an und beobachte gespannt das Prozedere.

Bianca greift in einen Beutel, holt eine Fledermaus heraus und betrachtet sie. Sie zeigt auf einen winzigen rosa Knubbel, der aus dem Fell ragt, und sagt »ein Männchen«. Dann nimmt sie die Spitze des eng eingeklappten Flügels vorsichtig zwischen zwei Finger und zieht, bis sich der Flügel vollständig entfaltet.

Für mich, die noch nie so nah mit Fledermäusen zu tun hatte, ein faszinierender Anblick. Durch die feine Haut des Flügels scheint das Licht hindurch. Man sieht feinste Verästelungen und filigrane Fingerglieder. Bei genauerem Hinsehen kann ich im fünften Finger ein kleines Loch im Gelenk erkennen. Licht scheint durch die noch nicht ganz geschlossene Wachstumsfuge und offenbart, dass es sich um ein Jungtier handelt.

Anhand von Aussehen und Größe der Fledermaus ist klar, dass es sich um eine Zwerg-, Mücken- oder Rauhautfledermaus handeln muss. Besonders Mücken- und Zwergfledermaus sind schwer zu unterscheiden, so wurden sie bis vor wenigen Jahren noch als eine Art behandelt. Sie lassen sich jedoch anhand verschiedener dezenter Merkmale auseinanderhalten, zum Beispiel durch die Hautfarbe ihrer Genitalien und Speicheldrüsen, die bei der Zwergfledermaus eher rosa, bei der Mückenfledermaus eher gelblich sein kann. Bianca zeigt mir, dass sich in der Flügelmusterung eine Art Y erkennen lässt. Steht dieses frei, handelt es sich um eine »Mücke«, gibt es einen Quersteg, um einen »Zwerg«. Nicht immer ist das Bestimmen ganz eindeutig, und auch heute sind einige Tiere dabei, deren rechter Flügel zur einen, der linke aber zur anderen Art zu passen scheint. Dann hilft es zu wissen, dass Fledermäuse praktischerweise gerne mit Mitgliedern der eigenen Art zusammensitzen, und wenn alle Tiere in einem Beutel »Mücken« waren, handelt es sich vermutlich ebenfalls um eine.

Für eine ganze Weile beobachte ich, wie das Team Fledermaus für Fledermaus aus dem Beutel nimmt, Alter und Geschlecht bestimmt, die Schwingen der Tiere vermisst und sie wiegt. Beim Wiegen kommt ein weiteres Gimmick zum Einsatz (Sie erinnern sich an die praktischen, unprofessionell wirkenden Utensilien?). Ich beobachte amüsiert, wie Bianca die Kartonrolle einer abgerollten Toilettenpapierrolle auf die Waage stellt und die Fledermaus kurzerhand an deren Rand aufhängt. Während der Großteil des Tieres im inneren der Rolle verschwunden ist, halten winzige Füße den Rand umklammert.

Sobald alle Daten erfasst sind, erhält jede Fledermaus, die noch keinen trägt, einen Ring und kommt danach in den bereitgelegten Fledermauskasten. Nachdem ich bislang nur beobachtet, fotografiert und Fragen gestellt habe – und dabei versuchte, nicht im Weg zu stehen –, juckt es mich, die Handhabung der Tiere zu lernen; Martin und Bianca sind so nett, es mir zu zeigen.

Als ich das erste Mal in den Beutel hineingreife, um eine Fledermaus herauszunehmen, habe ich Hemmungen, fest zuzupacken, da ich befürchte, das zart wirkende Lebewesen zu verletzen. In meiner eigenen Hand wirkt das Tier noch kleiner als beim Beobachten. Der ovale, braun bepelzte Körper ist nicht viel größer als eine Walnuss. Die dunklen Schwingen sind zusammengefaltet. Ich halte die Fledermaus in meiner rechten Hand und betrachte sie, ihr Gesicht erinnert ein wenig an einen Hund. Kein Wunder, dass ihre großen Verwandten als Flughunde (im Englischen flying foxes) bezeichnet werden. Über einer breiten Nase sitzen kleine Knopfaugen, zwei nackte Ohren ragen aus dem Fell am Kopf. Das weit geöffnete Maul offenbart spitze Zähne – das nötige Werkzeug, um Insekten zu knacken. Bilder von Fledermäusen zeigen oft genau diesen Anblick. Mit aufgerissenem Maul und freigelegten Zähnen können die Tiere aggressiv und gefährlich wirken. Diese Bilder vermitteln jedoch einen falschen Eindruck. Fledermäuse orientieren sich – wie wir wissen – in dieser Welt nun einmal anders als wir, mithilfe von Tönen. Der aufgerissene Mund ist also kein Versuch, mir die Zähne zu zeigen, die Fledermaus in meiner Hand versucht lediglich, sich im Raum zurechtzufinden. Als Erstes gilt es, den Flügel zu untersuchen. Erstaunlich, wie klein diese Schwingen, die ein Vielfaches größer als der Körper der Fledermaus sind, zusammengefaltet werden können. Wo ein Flügel sein sollte, sehe ich lediglich einen Oberarm und einen schrumpeligen Stapel Haut. Wie soll ich daraus einen Flügel öffnen? Vorsichtig greife ich zu und ziehe. Das Ganze erinnert an einen Papierlampion oder eine Girlande, bei der auf magisch anmutende Weise aus zwei Zentimetern Papier plötzlich eine Zweimeter-Kette entsteht. Kurz erschrecke ich, als mir der Flügel aus den Fingern flutscht und zurückklappt. Etwas weniger zaghaft versuche ich es noch einmal und öffne den Flügel diesmal vollständig. Dann übe ich das Vermessen der Flügel. Gar nicht so einfach, den Flügel mit der Hand zu öffnen, die die Fledermaus hält, um noch eine Hand zum Messen frei zu haben.

Aus dem Beutel holen, Geschlecht bestimmen, Flügel für Alter und Art untersuchen, mit der coolen Klo-Rolle wiegen – schnell hat man den Dreh raus.

Als ich das erste Tier beringe, bin ich dann doch wieder angespannt. Die Ringe sind eigentlich gar keine, denn sie sind nicht geschlossen. Sie sehen vielmehr aus wie kleine Hufeisen, die über den Oberarm der Fledermaus geschoben werden. Dennoch, es ist ein merkwürdiges Gefühl, den metallenen Gegenstand über diese zarten Flügel zu schieben und dann kraftvoll zusammenzudrücken. Zuerst drücke ich aus Angst, den Flügel zu verletzen, so vorsichtig zu, dass der Ring sich kaum schließt.

Ich hatte schon einige wilde Tiere in den Händen, darunter Präriehunde, Füchse, Waschbären oder Habichte. Größere, wehrhaftere Tiere, bei denen ich mir keine Sorgen machen musste, sie zu zerdrücken, sondern eher darum, keinen Finger zu verlieren. Wild, fauchend und wehrhaft – das kenne ich, damit kann ich arbeiten. Aber diese winzigen Geschöpfe, durch deren Flügel sich die Umrisse der Möbel dahinter erkennen lassen …

Hat man jedoch einige Fledermäuse in den Händen gehabt, merkt man bald, dass die Tiere sehr viel robuster gebaut sind, als sie aussehen. Die Flügel sind ledrig und zäh, die Körper muskulös. Kein Wunder, wenn man bedenkt, welche Leistung der Flugapparat der kleinen Tiere im Laufe ihres Lebens leisten muss. Außerdem entwickelt man ein Gespür für die richtige Dosis an Kraft und Umsicht beim Umgang mit ihnen. Mit einem guten

Gefühl setze ich daher kurze Zeit später meine erste selbstständig untersuchte und beringte Fledermaus vor den Eingang des Kastens. Flinker, als man es für ein Tier, das so offensichtlich zum Fliegen designt ist, erwarten würde, krabbelt sie ins Dunkel. Weitere folgen ihr.

Als ich mich verabschiede und bedanke, fällt mir auf, wie müde ich bin. Auf der Fahrt nach Hause begleiten mich die Eindrücke des Tages. Ich denke an das gute Gefühl, etwas Neues zu lernen, an all die Freiwilligen, die jedes Jahr ihre Freizeit opfern, um Tausende Fledermäuse zu untersuchen, Quartiere bereitzustellen und ein Auge darauf zu haben, dass diese spannenden Tiere nicht gänzlich aus unserer Natur verschwinden. Nächstes Jahr werde ich wiederkommen. Und die Fledermäuse? Die warten in ihren Kästen in der Scheune, bis die Dunkelheit hereinbricht. Dann werden sie von der Naturschutzstation aus freigelassen. Sie kennen den Weg.

DUNKLE SCHWINGEN

Je düsterer, desto gruseliger? Nein, je düsterer, desto gesünder. Das gilt zumindest für den Waldkauz, den es in einer helleren und einer dunkleren Gefiedervariante mit mehr Melanin gibt. Forscher untersuchten das Blut der Vögel auf Antikörperreaktionen und fanden heraus: Je dunkler das Gefieder der Eulen war, desto stärker fiel auch ihre Immunantwort aus und desto länger hielten sich die Antikörper. Allerdings kostet der erbliche Melaninreichtum wohl mehr Energie, denn die Tiere verlieren bei Nahrungsmangel schneller an Gewicht als ihre hellen Artgenossen. Die Dunkel-Edition ist also vor allem dort von Vorteil, wo die Tiere vermehrt Krankheitserregern ausgesetzt sind.[15]

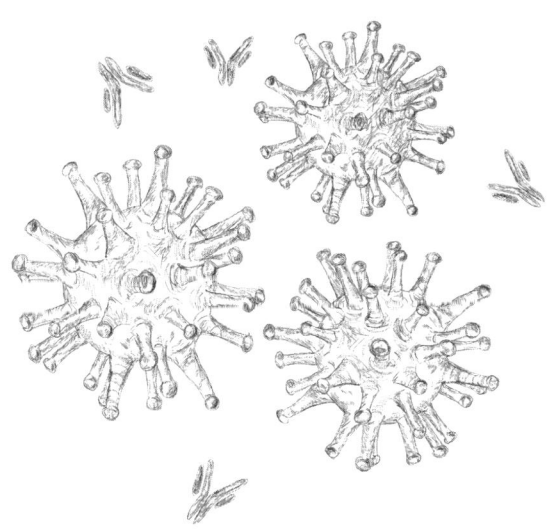

DER MENSCH IM BANN
DER DUNKELHEIT

Obwohl wir tagaktive Wesen sind, prägt uns die Nacht. Sie gehört genauso zu unserem Lebensrhythmus wie der Tag und beeinflusst uns in vielerlei Hinsicht, egal ob wir die durchwachen oder verschlafen.

Auf der einen Seite gruselt es uns bei Nacht. Einen Horrorfilm würden wir wohl kaum an einem sonnigen Nachmittag inszenieren, und bevor wir wussten, dass die Nacht der Schatten der sich drehenden Erde ist, muss sie um ein Vielfaches beängstigender gewesen sein. Schon als Kinder empfinden wir häufig eine intuitive Furcht vor der Dunkelheit, die mit der Nacht einsetzt.

Gleichzeitig zieht uns die Nacht magisch an. Sie bietet Raum, um verborgene Wünsche und Sehnsüchte auszuleben, das Leben zu feiern, Nächte zu durchtanzen. Die Andersartigkeit der nächtlichen Welt scheint etwas Magisches zu haben, und mit dem Anblick von Mond oder Sternen am Nachthimmel verbinden wir wunderbare Lyrik, Kunst und oft auch eine gewisse Portion Romantik. Im Gegensatz zu den meisten anderen Säugetieren und vielen weiteren Kreaturen, für die die Nacht ihre gewohnte Welt darstellt, haben wir zur dunklen Hälfte des Tages eine ambivalente Beziehung.

Die Nacht ist dunkel
und voller Schrecken

Während ich diese Zeilen schreibe, sitze ich im Garten in der Sonne. Der Wind weht durch die jungen Blätter einer Kastanie, die samt Blütenständen gerade erst aus dicken Knospen geschlüpft sind. Sie sind groß und hellgrün und hängen noch schlaff und flauschig nach unten. Bald werden sie sich aufrichten, und die Blütenstände werden in weißen und rosafarbenen Tönen leuchten. Ich bin einige Tage hier, im Haus von Bekannten, und genieße den Garten und das Frühlingsgrün. Es riecht nach Wald, frischem Gras und Erde. Meine Hündin Nova liegt im weichen Gras und lässt sich den schwarzen Pelz wärmen. Die Sonne fällt auch wärmend auf meine Beine, und überall um mich herum zwitschern Vögel. Es fühlt sich ruhig, friedlich und sicher an.

Urängste

Gestern Nacht befand ich mich auf dem gleichen Fleckchen Erde. Während ich darauf wartete, dass Nova sich für die perfekte Stelle für ihre abendliche Pipipfütze entschied, trat ich unruhig von einem Bein aufs andere. Es war zwar etwas kälter als jetzt in der Sonne, aber ich war warm genug angezogen und die Nacht eher mild. Dennoch wippte ich unruhig hin und her.

Meine Unruhe entstand aus einem diffusen Gefühl des Unwohlseins. Das gleiche Gefühl, das ich als Kind empfand, wenn ich nachts alleine ins Bad gehen musste, während überall Monster in den Schatten zu lauern schienen und ich mich beim Weg zurück ins warme Bett zwingen musste, nicht loszurennen.

Auch jetzt wirkten die sich im Dunkeln sanft im Wind wiegenden Zweige der Kastanie irgendwie gespenstisch. Jedes leise Rascheln aus den nun verborgenen Ecken des Gartens löste einen kleinen Adrenalinschub aus, und während mein Verstand ruhig blieb, drückte mein Körper unmissverständlich sein Unbehagen aus, er stellte das Fell auf. Mit dem wenig beeindruckenden Effekt einer Gänsehaut, den dieser Vorgang beim fast nackten *Homo sapiens* nun mal hat.

Der gleiche Ort, den ich nun als friedlich und sicher empfinde, kam mir nur wenige Stunden zuvor beängstigend vor. Dabei ist das Einzige, das den jetzigen Moment von dieser anderen Wirklichkeit unterscheidet, der Stand der Sonne oder genau genommen die Rotation der Erde.

Hätte man mich in dem Moment angesprochen und gefragt, was ich tue, hätte ich sicherlich geantwortet »Ich warte darauf, dass Nova fertig wird« und nicht »Ich schütte Adrenalin aus, weil ich Angst habe«. Denn mein Verstand weiß natürlich, dass der Garten nicht gefährlicher ist, nur weil es dunkel ist, dass in den Schatten keine Monster lauern. Im Gegenteil, in den Schatten schlafen niedliche Tiere, und andere sind darin unterwegs und gehen ihrem normalen Leben nach.

Dem Teil meines Gehirns, der für meine grundlegenden Emotionen zuständig ist und mit mir im nächtlichen Garten steht, ist das jedoch egal. Der sogenannte Thalamus schlägt Alarm und leitet die etwas undifferenzierte neuronale Angst-Nachricht, die ich mal frei mit »Oh mein Gott, wir werden alle sterben« übersetzen möchte, an die Amygdala weiter.

Die Amygdala, auch Mandelkern genannt, feuert auf Hochtouren: »Rette sich wer kann! Wir brauchen mehr Adrenalin!« Egal ob Flucht oder Angriff, der Körper soll etwas tun, egal was, um der Situation zu entrinnen. Die Amygdala setzt alle Hebel in Bewegung, und das limbische System, das unsere Emotionen verarbeitet, erledigt zuverlässig seinen Job. Es überhäuft mich mit unguten Gefühlen, während mein Nebennierenmark fleißig Adrenalin ausschüttet. All das funktioniert hervorragend, quasi vollautomatisiert und ohne lästige Zwischenprüfungen auf Notwendigkeit.

In einer anderen Ecke meines Hirns, dem moderneren Anbau, den sich das Gehirn im Laufe der Evolution geleistet hat, chillt die Großhirnrinde entspannt im Hirnwasser, als der dort ansässige Hippocampus endlich bemerkt, was los ist. Während der Thalamus frei von allzu kritischen Überlegungen alle Schalter auf Panik gestellt hat, fängt der Hippocampus nun an, die Angelegenheit zu prüfen. Was ist eigentlich das Problem? Welche konkrete Gefahr besteht? Er holt von den Sinnesorganen neue Informationen zur Umgebung ein und zieht auch Erfahrungswerte aus der Vergangenheit heran, wie »wie viele Schatten haben sich denn in letzter Zeit so als Monster entpuppt?«. Ist die Antwort »Keine« und die Sinnesorgane melden auch nichts Konkretes, kommt er zu dem Schluss, man könne die ganze Maßnahme vielleicht ein wenig herunterfahren. Er informiert wiederum die Amygdala, und diese schaltet auf Beruhigung um.

So in etwa, nur – wie immer – ein wenig komplexer, läuft es also in meinem Kopf ab, wenn ich mich nachts im Garten vor raschelnden Zweigen fürchte. Es gibt den schnellen Weg vom Thalamus zur Amygdala, der die Angst unmittelbar nach oben treibt, und den langsameren, aber gründlicheren Weg über den Hippocampus. Das komplexe Zusammenspiel von beiden können wir prima an uns selbst beobachten, wenn wir kurz erschrecken und direkt wieder Erleichterung empfinden, wenn sich die riesige Spinne auf dem Boden als Legostein im Dunkeln herausstellt oder der vermeintliche Schuss als zugefallene Wohnzimmertür.

Der schnelle Weg zur Angst kann uns ganz schön stressen, das gilt natürlich besonders für Menschen mit Angststörungen, bei denen das abmildernde Korrektiv nicht gut funktioniert. Aber wir müssen ihm dennoch dankbar sein. Der Weg mag unzuverlässig sein, aber er war schon immer quasi die »quick and dirty« Programmierung für den Notfall. Also der Plan für den einen Tag, an dem der merkwürdige Busch im Dunkeln dann doch ein Säbelzahntiger war. Besser einmal zu oft weggerannt als einmal zu wenig.

Auch wenn es keine Säbelzahntiger mehr gibt – und uns in der Nacht nicht wirklich mehr Ungemach widerfährt als am Tag –, fürchten wir uns noch immer in der Nacht. Trotz der rationalen Überprüfung durch unseren Verstand können wir uns dem leisen Unbehagen, das die Dunkelheit hervorruft, häufig einfach nicht erwehren.

Manchmal ist das Gefühl so diffus, dass wir es nicht einmal bewusst wahrnehmen. Etta Dannemann von »Visit Dark Skys«, die Menschen Sternenerlebnisse anbieten, hat dazu mal eine interessante Anekdote erzählt. Im Jahr 2015 war sie gemeinsam mit einer Gruppe internationaler Lichtforscherinnen auf dem Weg zur Sternwarte des Mont Mégantic in Kanada. Dass die Region zu den dunkelsten der Welt gehört, ermöglicht normalerweise atemberaubende Sternenbeobachtungen, trug in dieser Nacht jedoch zu einem Erlebnis der anderen Art bei. Der Reisebus der Teilnehmenden blieb liegen, und nach einigem Überlegen kam die Gruppe zu dem Schluss, den Rest des Weges zu Fuß zurückzulegen. Während des langen Marschs durch die Dunkelheit fiel Edda auf, wie laut sich plötzlich alle unterhielten und dass kaum je Stille einkehrte. Vermutlich eine unbewusste Reaktion und der Versuch, ein diffuses Unwohlsein zu übertönen – und das unter Menschen, die die Nacht und die Sterne lieben.

Nyktophobie, »Nachtangst« nennt man die Angst vor der Dunkelheit. Man bezeichnet sie auch als Achluo- (Dunkelheit), Skoto- (ebenfalls Dunkelheit) oder Lygo- (Zwielicht) -phobie.

Bei Kindern ist sie ein ganz normaler Teil der Entwicklung. Die Welt ist nun mal voller Schrecken, und wir müssen erst lernen, mit dieser grausamen Wahrheit umzugehen. Nur wenn uns das nicht gelingt und die Angst unsere Lebensqualität beeinflusst, spricht man von einer Angststörung.

Ein gewisses Maß an Angst vor der Dunkelheit ist für eine tagaktive Spezies wie uns Menschen sicherlich normal und sogar sinnvoll. Schließlich funktioniert unser wichtigster Orientierungssinn, der Sehsinn, in der Nacht nicht sonderlich gut. Wie wir bereits am Anfang des Buches gesehen haben, wurden die Sehfähigkeiten der Tiere stark von ihrer Anpassung an eine der beiden Tageshälften geformt. Unser Auge ist einfach nicht dafür gemacht, im Dunkeln Details zu erkennen. Stattdessen reagiert es besonders auf Bewegungen, die im Zweifelsfall eine sich nähernde Gefahr offenbaren. Bei unserer eingeschränkten Sicht wird da schnell jedes Blatt im Wind zur potenziellen Gefahr.

In George R. R. Martins *Game of Thrones* (oder *A Song of Ice and Fire*, wie die sehr lesenswerte Buchreihe um die Häuser Stark, Lannister, Targaryren und Co., auf der die berühmte HBO-Serie basiert, eigentlich heißt) gibt es eine Art geflügeltes Wort, nach dem dieses Kapitel benannt ist: »Die Nacht ist dunkel und voller Schrecken.« Ich finde, dieser Ausspruch rührt an den Kern dessen, was möglicherweise hinter unserer Angst vor der Dunkelheit steht, tiefsitzende Urängste vor Kontrollverlust und Verletzlichkeit. Die Unfähigkeit, zu sehen, die Welt und ihre Gefahren einzuschätzen und darauf reagieren zu können, birgt schließlich ein großes Risiko. Das Risiko, verletzt zu werden, und ultimativ das zu sterben. Über Jahrtausende war der Mensch in der Nacht nicht nur verwundbarer durch seine potenziellen Feinde (inklusive anderer Menschen), er war der Dunkelheit auch hilflos ausgesetzt.

Vielleicht kennen auch Sie das Gefühl von Machtlosigkeit.

Ich persönlich habe oft dann Angst oder fühle mich besonders unwohl, wenn ich mich hilflos oder machtlos fühle und keine Kontrolle über eine Situation habe. Selbst wenn vermeintliche Kontrolle trügerisch ist, vermittelt sie dennoch ein Gefühl von Sicherheit. Und so beleuchten wir die Nacht, wo immer wir können. Denn obwohl Licht kein zwangsläufiges Versprechen auf Sicherheit bringt, ist uns im Licht doch wohler zumute. Unsere Vorfahren hatten diese Option nicht. Wenn die Sonne hinter dem Horizont verschwand, kam die Dunkelheit – unausweichlich.

Es werde Licht

Wen wundert es in Anbetracht der Unabwendbarkeit des Sonnenuntergangs, dass der Mensch schon früh begann, Licht zu schaffen? Wann die Menschen genau begannen, sich das Feuer nutzbar zu machen, wissen wir nicht, und einige sehr alte Funde sind wissenschaftlich umstritten. Der älteste gesicherte Beleg von Feuernutzung stammt aus einer Höhle mit dem schönen Namen Wonderwerk-Höhle in Südafrika.[1] Vor rund einer Million Jahren nutzten unsere Vorfahren dort tief im Inneren der Höhle Feuerstellen, wie mikroskopische Veränderungen an Tierknochen und Pflanzenteilen zeigen, die nur durch Feuer entstehen.

Wann auch immer der erste Frühmensch den Wert von Feuer erkannte, nach einer langen Zeit unausweichlicher, nächtlicher Dunkelheit, die nur von Vollmondnächten erhellt wurde, gab es nun endlich Licht! Was für eine gigantische Veränderung. Das Feuer brachte zudem auch Wärme und die Möglichkeit, Lebensmittel anders zu verarbeiten und damit haltbarer und verträglicher zu machen. Die Wärme des Feuers dürfte ein großer Überlebensvorteil gewesen sein. Möglicherweise half dieser Vorteil den frühen Menschen, sich in kälteren Regionen der Erde erfolgreicher auszubreiten.[2]

Feuer war jedoch ein kostbares Gut, denn für seine Nutzung war man auf zufällige Ereignisse wie Blitzschläge angewiesen. Dort konnte man Feuer »sammeln«, es weitergeben, hüten und pflegen. Denn bis die Menschheit in der Lage war, selbst Feuer zu entfachen, sollte es noch sehr lange dauern.[3] Stellen Sie sich vor, Ihre beste Option auf ein wenig Licht für die abendliche Lektüre dieses Buches wäre es, auf einen Blitzeinschlag zu warten …

Vermutlich waren Menschen erst vor etwa 30 000 Jahren oder später in der Lage, mithilfe von Pyrit und Feuerstein-Schlag-Feuerzeugen und Brennmaterial wie Zunderschwamm oder Baumpilzen selbst Feuer zu entfachen.[4] Die immense Bedeutung für die technische, soziale und kulturelle Evolution des Menschen können wir nur erahnen.[5]

Das Lagerfeuer sollte lange die einzig effektive Lichtquelle der Menschen bleiben, auch wenn es schon früh spannende Versuche gab, Leuchten zu bauen. So sperrten Bewohner der Antillen Leuchtkäfer in Laternen. Die älteste bekannte Lampe ist eine Steinlampe, in der wohl Tierfette verbrannt wurden. Sie stammt aus Frankreich und ist 40 000 Jahre alt. Im Laufe der Zeit experimentierten Menschen mit verschiedenen Brennstoffen. Auf babylonischen Märkten wurde um 2000 v. Chr. regulär mit Sesamöl gehandelt, der Brennstoff war allerdings sehr teuer.[6] Mit der Zeit sollte sich eine große Vielfalt an Lampen, Fackeln, Laternen und anderen Behältnissen für Licht entwickeln.

Würden Sie durch eine nächtliche Stadt im Europa des späten 17. Jahrhunderts schlendern, gäbe es durchaus Licht. Allerdings lägen die Wege, auf denen Sie gingen, trotzdem im Dunkeln. Es sei denn, Ihnen wäre ein anderer, nächtlicher Ausflügler begegnet, der eine Laterne bei sich trägt. Licht gab es nur in den Fenstern der Wohnräume, als Fußgänger in den Gassen musste man sein Licht selbst mitbringen.[7] Straßenbeleuchtung, die für uns heute allgegenwärtig ist, gibt es erst seit Ende des 17. Jahrhunderts. 1667 war Paris die erste Stadt, die einige Straßenzüge beleuchtete, es folgten im Abstand von jeweils einem Jahr London und Amsterdam. Berlin ließ sich zehn Jahre Zeit, um es den anderen Hauptstädten gleichzutun. Nun ja, wir wissen ja, wie das mit Berlin und seinen Großprojekten ist. Es gab also inzwischen beleuchtete Straßen, noch immer waren die Leuchten jedoch rar und kostspielig, und bis zur Entwicklung und Verbreitung der Glühbirne als Massenprodukt gingen noch einmal gut 200 Jahre ins Land.

Heute sind wir umgeben von Licht. Es ist selbstverständlich für uns, dass Straßenzüge beleuchtet sind, Licht wird für große Kunstwerke verwendet und für banale Dinge wie Werbung. Licht ist vergleichsweise billig und massenhaft vorhanden und, wie wir später sehen werden, inzwischen zum Problem für Mensch und Umwelt geworden. Doch auch wenn uns eine lange Entwicklung von unseren Vorfahren, die das erste Feuer einfingen, trennt, noch immer umgeben wir uns mit Licht, um uns nachts sicherer zu fühlen. Noch immer assoziieren wir Dunkelheit mit Gefahr.

Vielleicht entstand aus der diffusen Angst vor der Dunkelheit auch die Konnotation, die wir dem Licht und der Dunkelheit zuschreiben. »Die dunkle Seite der Macht«. Diesen Ausdruck kennen Sie bestimmt, auch wenn Sie kein Fan der epischen Saga über den Krieg der Sterne (*Star Wars*) sind. In der Science-Fiction-Filmreihe, mit der Generationen aufgewachsen sind, geht es um den ewigen Kampf zwischen Gut und Böse. Diese werden durch die helle und die dunkle Seite der Macht vertreten. Hell und Dunkel – welches der beiden Attribute mit Gut und welches mit Böse assoziiert ist, können Sie sich sicherlich denken, auch wenn Sie noch nie von dieser Welt gehört haben.

Dunkel gleich böse, hell gleich gut, diese Gleichung gibt es nicht erst seit *Star Wars*. Schon der Philosoph Dionysus Areopagita schrieb im 4. Jahrhundert vor Christus, das Licht stamme vom Guten.[8] Wir kennen die positiven und negativen Zuschreibungen zu Hell und Dunkel auch aus unserer Alltagssprache, zum Beispiel, wenn jemand dunkle Absichten hegt oder wir einen klugen Menschen als hellen Kopf bezeichnen.

Dem Dunklen zu verfallen ist im Drama um Gut und Böse übrigens oft eine verlockende Wahl. Sie verspricht Macht und zieht die menschliche Seele geradezu an. Ihr zu widerstehen und sich für das Licht zu entscheiden kostet Willenskraft und innere Stärke. Irgendwie passend, wo uns die Nacht doch trotz all der negativen Dinge, die wir ihr zuschreiben, seit jeher fasziniert und in ihren Bann zieht.

Nächtliches Kulturgut

Die Beziehung des Menschen zur Nacht ist ambivalent. Es gibt die düstere Nacht, die unheimlich, ja sogar bedrohlich ist. Aus der allerlei Schrecken hervorkommen und auf die wir Ängste und Negatives projizieren. Es gibt die verheißungsvolle Nacht, die faszinierend und anziehend ist, die Raum für Abenteuer, verborgene Wünsche und Sehnsüchte bietet. Es gibt die stille Nacht, die Ruhe und Erholung bringt, sich sanft über das Land legt und Frieden verspricht.

Die Nacht als geschützter Ort der Stille findet sich auch in manchen Gesetzen wieder. So schützen uns, zum Beispiel, gesetzliche Ruhezeiten davor, dass der Nachbar in der Wohnung nebenan um zwei Uhr nachts beschließt, sein Trompetensolo zu üben.

Bis ins 20. Jahrhundert hinein wurden manche Delikte härter bestraft, wenn sie nachts verübt wurden. Die Begründung lautete damals, »die Nacht soll besseren Frieden haben als der Tag« oder in heutiger Sprache »es herrscht Nachtruhe, hört auf, kriminell zu sein«. Heute haben wir kein eigenes Strafmaß mehr für nächtliche Taten, die Nacht beeinflusst jedoch noch immer, wie wir so manches Delikt bewerten. Bego Aramayona von der Universität Lissabon forscht zum gesellschaftlichen Umgang mit Menschen, die nachts in prekären Tätigkeiten aktiv sind. Unter dem Titel »Madrid, die informelle nächtliche Stadt« berichtet sie unter anderem über Sexarbeiterinnen und Straßenhändler, die nachts von der Polizei geduldet werden. Am Tag dürften sie ihre Geschäfte hingegen nicht öffentlich ausführen. Als würden wir der Nacht mehr »Sünde« zugestehen oder die Gelegenheit nutzen, die uns selbst unangenehmen Bedürfnisse des Menschseins zu kaschieren und sie fernab der Öffentlichkeit des Tageslichts auszuleben. Allein im Umgang mit dem Verbotenen zeigen sich die verschiedenen Perspektiven der Menschen auf die Nacht.

Die Nacht hat neben ihrer beängstigenden auch ihre anziehende Seite für den Menschen, und diese Anziehungen waren und sind seit jeher vielfältig. Bis heute hat die Menschheit die Nacht auf solch vielfältige Weise künstlerisch verarbeitet, dass ihre Betrachtung ein eigenes Werk verdient. Wir können hier nur im Vorbeigehen einen flüchtigen Blick darauf werfen. So ist die Nacht ein beliebtes Motiv in Malerei und Dichtung. Von Leonardo da Vinci über Peter Paul Rubens, Caravaggio und William Turner bis zu Silke Silkeborg widmeten und widmen sich Maler verschiedener Epochen dem Spiel von Licht und Dunkelheit. Der norwegische Maler Peter Nicolai Arbo malte die Göttin Nott, die Personifikation der Nacht in der nordischen

Mythologie, als Frau mit wildem Haar, die auf ihrem Pferd durch eine abstrakte Welt reitet. Die »Sternennacht« ist eines der bekanntesten Bilder von Vincent van Gogh, aber nicht das einzige nächtliche Motiv. Van Gogh selbst war unzufrieden mit dem heute so berühmten Gemälde, er mochte die Bildkomposition nicht, aber die schönen Farben der Nacht versöhnten ihn mit seinem Werk. Interessant ist auch, dass das Nachtbild während eines Aufenthalts in einer Nervenheilanstalt entstand. Der Kunsthistoriker Meyer Schapiro glaubte, van Gogh habe mit der »Sternennacht« versucht, seine Sehnsucht nach etwas Unendlichem in der Natur auszudrücken.[9] Was ihn bewegte, wissen wir letztlich nicht, auch wenn uns so manche Schulstunden über Bild- und Gedichtinterpretationen anderes suggerieren wollten. In einem Brief an seinen Bruder schrieb van Gogh jedenfalls, dass er in emotional aufgewühlten Momenten »hinausgeht in die Nacht, um Sterne zu malen«. Vielleicht spendeten sie ihm also tatsächlich Trost. »Gegen der Erde Leid gibt es keinen Trost, als den Sternenhimmel«, schrieb der Schriftsteller Jean Paul.

Andere Menschen faszinierte das Bild van Goghs so sehr, dass es diverse Variationen davon und sogar ein Gedicht darüber gibt. Unzählige Gedichte und Texte widmen sich der Nacht. Von Rainer Maria Rilke stammen zum Beispiel die Worte »Atme das Dunkel der Erde« und »Du Dunkelheit, aus der ich stamme, ich liebe dich mehr als die Flamme, welche die Welt begrenzt«. Wenige Zeilen aus zwei der zahlreichen Gedichte, die er der Nacht widmete. Ein ganzer Zyklus von ihnen erschien unter dem Titel *Gedichte an die Nacht*. Auch eines der bekanntesten Gedichte von Eduard Mörike trägt beispielsweise den Titel »Um Mitternacht«. Von Michail Lermontow stammt eines meiner Lieblingsgedichte. Es beschreibt das Nachdenken über das Leben in der Stille der Nacht und beginnt mit den Worten »Einsam tret ich auf den Weg, den leeren, der durch Nebel leise schimmernd bricht; seh die Leere still mit Gott verkehren und wie jeder Stern mit Sternen spricht«.

Die Menschen widmeten sich der Nacht nicht nur mittels ihrer Kunst, sie wollten sie auch selbst erleben, und so zog es schon früh Menschen hinaus in die Nacht. Das Römische Reich war für seine Abendkultur bekannt, statt in Clubs und Bars vergnügten sich Menschen damals beispielsweise bei abendlichen Festmahlen. Die wichtigste Mahlzeit im alten Rom war die Abendmahlzeit. Die römische Mittelschicht ging auswärts essen, viele hatten nicht mal eine Küche, die Oberschicht veranstaltete Festessen, die sich bis tief in die Nacht ziehen konnten. Gegessen wurde im Liegen und in Unmengen. Die Mahle arteten nicht selten in regelrechte Fressorgien aus, wie verschiedene Texte aus der Zeit belegen.

Auch im Mittelalter zog es Menschen in die Tavernen, die nächtlichen Straßen steckten allerdings voller Gefahren, denn unter dem Deckmantel der Nacht wurde so manches Verbrechen verübt. Daran konnte auch der zunehmende Einsatz von Nachtwächtern nichts ändern.

Erst in der Zeit des Barock entstand der Begriff des Nachtlebens, wie wir ihn heute verstehen. Beleuchtete Orte lockten Menschen auch nach Sonnenuntergang vor die Tür, und erste kulturelle Aktivitäten wie Theatervorstellungen fanden gezielt am Abend statt. Es entstand eine Kultur des nächtlichen Ausgehens, die nach dem vollendeten Tagwerk neue Freiheiten und Erfahrungen versprach.

Ernst Peter Fischer weist in seinem Buch *Durch die Nacht*[10] treffend darauf hin, dass es das Pendant zum Nachtleben, also den Begriff des Taglebens, nicht gibt, da das Aktivsein am Tag immer als selbstverständlich betrachtet wird. In der Nacht dagegen ist es eben bemerkenswert.

Bis heute hat die Nacht nichts von ihrer Anziehungskraft

verloren. Besonders das städtische Nachtleben bleibt für viele ein Ort voller Verheißungen. An Sommerabenden bevölkern Nachtschwärmer Freilichtbühnen, Open-Air-Kinos und Parks, und das ganze Jahr hindurch versprechen Bars und Clubs Spaß und Enthemmung. Auch in unserer modernen und eher liberalen Gesellschaft bietet die Clubkultur dabei Menschen Freiheiten, die sie am Tag nicht in gleicher Form finden. In der queeren Szene zum Beispiel die Freiheit von gesellschaftlichen Konventionen. So eröffnet die zweite Hälfte des Tages dem Menschen einen Raum dafür, im Schutze der Nacht die Vielfalt des Menschseins wertungsfrei auszuleben.

Ich weiß nicht, ob wir der Nacht für ihre kulturelle Bedeutung genügend Wertschätzung entgegenbringen. Im Gegensatz zum täglichen, städtischen Nachtleben gibt es aber zumindest Veranstaltungen, bei denen wir uns der Nacht bewusster sind. Die christliche Weihnacht gehört zu diesen besonderen Momenten, wenn wir am Heiligabend auf die Dunkelheit warten und die stille, heilige Nacht besingen. Etwas wilder wird es in der heidnischen Walpurgisnacht, die als Tanz in den Mai ebenso weiterlebt. In Heidelberg, der schönen mittelalterlichen Stadt am Neckar, in der ich einen Teil meiner Kindheit und Jugend verbracht habe, gibt es eine Tradition, die angeblich schon Goethe pflegte. In der Nacht zum 1. Mai pilgern Tausende Menschen von der Altstadt aus durch den Wald auf den Gipfel des Heiligenbergs. Dort angekommen, auf etwa 440 Metern Höhe, feiern sie dann bis zum Morgengrauen mit Fackeln, Lagerfeuern und Trommeln. Als Jugendliche machte auch ich mich einmal im Jahr auf den Weg durch den dunklen Wald. Besonders schön war es immer dann, wenn wenig künstliches Licht vertreten war und der Schein der Fackeln der wandernden Menschen entlang den Serpentinen sich wie eine Feuerschlange vom dunklen Wald abhob. Bog man dann nach langem Weg um die letzte Biegung, schien der Kessel auf dem Gipfel durch riesige Lagerfeuer, um die die Menschen tanzten, wie ein Leuchtfeuer in den Himmel.

Nachtschwärmer

Städtische Ausgehkultur ist vielleicht das Erste, was uns beim Begriff Nachtleben in den Sinn kommt. An das tierische Nachtleben denken vermutlich die wenigsten. Ins Bewusstsein dringt es vor allem dann, wenn die beiden Welten sich berühren, zum Beispiel, wenn Raver und Fuchs sich spätnachts auf dem Bordstein begegnen.

Es gibt aber auch menschliche Nachtschwärmer, die gerade wegen der nächtlichen Natur im Dunkeln unterwegs sind. Meine eigene Beziehung zur Nacht hat sich durch meinen Beruf sehr verändert. In vielen Stunden der Feldarbeit im nächtlichen Berlin habe ich unzählige wilde Begegnungen erlebt. Feldhasen, Waschbären, Dachse, Wildschweine, Marder, Wildkaninchen, Igel, Fledermäuse, Mäuse, Wühlmäuse und Ratten oder Füchse – die meisten meiner Zufallsbegegnungen mit wilden Säugetieren verdanke ich nächtlichen Exkursionen. Je mehr die Nacht Teil meiner Arbeit wurde, desto mehr begann ich sie auch in meiner Freizeit zu suchen.

Ich suche Dämmerung und Nacht, um Ruhe zu finden, zu anderen Zeiten belebte Orte in Einsamkeit zu genießen, die wunderschönen blauen Stunden der Dämmerung zu betrachten, um in die Sterne zu schauen und natürlich, um Tiere zu beobachten. Man braucht viel Geduld und einige Übung, um manchen unserer heimischen Nachtgeschöpfe zu begegnen. Das gilt für die meisten Wildtiere, die uns oft bemerken und sich verstecken, lange bevor wir sie bemerken. Sind sie dann noch besonders scheu oder selten, kann die Suche nach wilden Begegnungen eine

Lebensaufgabe werden. Es kann sich glücklich schätzen, wer einmal Wolf, Dachs, Haselmaus oder Baummarder entdeckt. Auch die wunderschönen Glühwürmchen bei ihrem Lichtkonzert zu finden ist eine Herausforderung, und einen Luchs zu entdecken grenzt an einen Lottogewinn. Letzteres ist mir bisher noch nicht vergönnt gewesen, doch auch jeder einzelne Fuchs, dem ich begegne, lässt mein Herz höher schlagen, und das nicht nur wegen der besonderen Beziehung, die mich mit diesen Tieren durch meine intensive Forschungsarbeit verbindet.

Mit meiner Faszination für die Nacht bin ich bei Weitem nicht alleine. Einige Menschen verbindet eine lange, innige Beziehung mit der Nacht. Die Künstlerin Silke Silkeborg malt ihre Motive in der Nacht und schafft dabei wunderschöne Kunstwerke aus Licht und Schatten. Wenn andere Leute schlafen gehen, packt sie ihre Leinwände, Farben und Pinsel ein und zieht los. Bei guten Bedingungen verbringt sie so drei bis vier Nächte der Woche unter freiem Himmel und fängt die Eindrücke der nächtlichen Umwelt ein. Sie malt in der Nacht, weil sie ihre Sinne fordert und ihre Konzentration erhöht. Es gibt dann weniger Ablenkungen, und das Zerfließen der Welt in Schatten und Flächen erlaubt es ihr, ihrer eigenen Fantasie Raum zu geben.

Wenn sie mit all ihren Materialien beladen in die Nacht startet, kommt ihr der Aufwand manchmal absurd vor, doch sobald sie angekommen ist und sich auf die Nacht und die Malerei einlässt, ist sie beseelt und fasziniert. In einem Interview mit der *Deutschen Welle* sagte sie einmal, für sie sei die Nacht ein Erfahrungsraum, den ihr der Tag nicht bieten könne. Langweilig wird es ihr dabei absolut nicht, um alle Facetten der Dunkelheit zu malen, sagt sie, bräuchte man mehr als ein Leben.

Über einen anderen Nachtfreund titelte die *Berliner Zeitung* einmal »Der Batman von Spandau ist bei der Polizei«. Gemeint ist Jörg Harder. Der Berliner Polizist hat sich seinen Spitznamen damit erworben, dass er leidenschaftlich engagierter Fledermausschützer ist. In seiner Freizeit widmet er sich ganz seinem Ehrenamt und betreut mit seinem Verein *Berliner Artenschutz Team – BAT – e. V.* unter anderem den Fledermauskeller in der Zitadelle Spandau. Gemeinsam und teils mit Unterstützung weiterer freiwilliger Helfer hängen die Ehrenamtlichen Fledermauskästen auf, beringen und zählen zahlreiche Tiere oder informieren interessierte Besucherinnen bei Führungen. In einer Pflegestation päppeln sie zudem verletzte Tiere wieder auf. Als Fledermausschützer in Berlin ist Harder gleich mit doppeltem Gruselfaktor unterwegs: nachts und in alten Bunkern, Kellern und Verliesen. Das hält ihn jedoch keineswegs ab, sondern macht für ihn sogar den Reiz daran aus.

Für den letzten Nachtschwärmer, den ich Ihnen vorstellen möchte, begeben wir uns ins südliche England. Genauer nach Sussex, wo der Folk-Sänger Sam Lee von einem kleinen, eher unscheinbaren Vogel fasziniert ist. Dieser Vogel hat seit jeher Menschen in seinen Bann gezogen, denn seine klare, melodische Stimme singt über tausend verschiedene Strophen. Wenn es dunkel und still in den Wäldern und Wiesen wird und andere Vögel zur Ruhe gekommen sind, beginnt die Nachtigall ihr besonderes Konzert.

Ihr magischer Gesang hat so manchen Dichter inspiriert. John Keats' »Ode an eine Nachtigall« ist eine Liebeserklärung an den kleinen Sänger, die der Feder des Romantikers entsprang. Darin schreibt er unter anderem »Nur füllt so schwer mit Glück dein Glück mich an: dass du, des Walds beflügelte Dryade, in lieblich kühlem Schoß, im Schatten, den das Buchengrün dir spann, der Freiheit jubeln kannst, der Sommergnade« und weiter »Was diese Nacht mir tönt, sang in die Ohren dem ersten König schon, dem ersten Knecht«.

Auch Sam Lee verbindet mit den Tieren eine tiefe Zuneigung. Das Besondere ist, dass der Sänger nicht über, sondern mit der Nachtigall singt. Bekannt wurde Sam Lee durch seine eigene Musik und das »Sammeln« traditioneller historischer Folkmusik aus Großbritannien und Irland, besonders die Musik der Roma und von irischen Wandersängern. Seine Verbundenheit mit der Natur inspirierte ihn dann zu seinem Projekt »Let Nature Sing«, in dem er Gesänge von britischen Singvögeln sammelte und vertonte. Dabei verliebte er sich besonders in die Gesänge der Nachtigall, die er als das auserlenste Konzert bezeichnet, das man sich vorstellen kann.

Seitdem hat er unzählige Abend- und Nachstunden in der Natur verbracht, um diesem Konzert zu lauschen – und in den Gesang miteinzustimmen. Mal mit, mal ohne Akustik-Instrumente begleitet er die Vögel und verflicht historische Folkgesänge mit den Strophen der Nachtigall zu einem einzigartigen Musikerlebnis. Er schätzt die Verbundenheit zur Natur, die ihm in der Stille der Nacht widerfährt, die dem ungewöhnlichen Duett eine besondere Bühne schafft.

Da die Nachtigall in Großbritannien stark rückläufig ist, setzt sich Sam Lee dafür ein, den Menschen den Wert des variantenreichen Sängers näherzubringen. In seinem Projekt »Singing with Nightingales« führt er im Frühsommer Menschen in kleinen Gruppen nachts in die Wälder Südenglands, um dieses besondere Erlebnis mit ihnen zu teilen. Sam Lee ist sich sicher: »Niemand kommt unverändert von solch einem Erlebnis zurück.« Inzwischen ist er sogar in die Fußstapfen von John Keats getreten und hat der Nachtigall einen Text gewidmet, sein Buch mit dem schönen Titel »The Nightingale. Notes on a Songbird«.

Ob sie sie malen, über sie schreiben, in ihr tanzen oder mit ihren Kreaturen singen, die Nacht zog und zieht Menschen offenbar in ihren Bann, und diese Anziehung ist so magisch, dass sie sogar die Furcht vor ihr überwindet.

FIFTY SHADES OF GREY

»Nachts sind alle Katzen grau.« Woher dieses geflügelte Wort kommt, ist naheliegend, denn die meisten Menschen kennen dieses Phänomen aus eigener Erfahrung. Wenn wir in der Dunkelheit unterwegs sind, scheint die Welt all ihre Farben zu verlieren und erscheint in Grautönen.

Manchmal glauben wir jedoch, auch im Dunkeln Farben zu erkennen. Dann erscheinen beispielsweise Bäume, trotz der spärlichen Lichtverhältnisse, grün. Das ist jedoch nur ein Trugschluss. Unser Gehirn weiß schlicht, dass Bäume grün sind, und koloriert entsprechend kurzerhand nach.

BEWOHNER DER NACHT –
WASCHBÄREN

Sensibler Überlebenskünstler

Erinnern Sie sich an die Schweinerotte an einer Berliner Bushaltestelle? Auch wenn die Welt der Nachtkreaturen natürlich überall existiert, wird sie in der Stadt besonders offenbar. Kaum ein Ort ist deutlicher von menschlichem Einfluss geprägt. Überall Stahl, Glas und Beton. Häuser ragen in den Himmel, und durch die Straßen fließt der Verkehr – millionenfach und Tag für Tag. Ausgerechnet dort, wo wir die Nacht zum Tag machen, trifft man aber viele Wildtiere.

Ein Nachtschwärmer, den man besonders häufig in der Stadt antreffen kann, lebt noch gar nicht so lange in unserer Nachbarschaft. Der Waschbär stammt eigentlich aus Nordamerika, wo er Stadt und Land besiedelt. In den 1930er-Jahren kamen jedoch Menschen auf die fabelhafte Idee, Waschbären nach Deutschland zu bringen. Mit dem Ziel, »unsere heimische Fauna bereichern zu können«, setzte man trächtige Waschbären am Edersee in Hessen aus. Dass die Pelze der Tiere in Europa heiß begehrt waren, mag vielleicht insgeheim die eigentliche Motivation gewesen sein. Keine Idee ist wohl dumm genug, um nicht mindestens zwei Mal gedacht zu werden, und so gab es verschiedene Ansiedlungsversuche in der Eifel, der Schorfheide und wer weiß wie viele weitere, von denen wir nichts wissen. Aus den Edersee-Pionieren entwickelte sich jedenfalls eine vitale Waschbärenpopulation, die zunächst ganz Hessen besiedelte und Kassel damit unfreiwillig zur deutschen Waschbärenhochburg machte.[1]

Als 1945 dann noch eine Fliegerbombe just auf den Zaun eines Waschbären-Pelzfarmers bei Strausberg fiel, begann der Siegeszug der Brandenburger Population, und Berlin wurde zu Europas Waschbären-Hauptstadt. Heute haben die Kleinbären, die eine eigene Familie im Tierreich bilden, unter anderem Belgien, Österreich, Tschechien, Dänemark und die Schweiz erreicht. Auch in Japan ist der Waschbär inzwischen vertreten; dafür kann man allerdings ausnahmsweise nicht den hessischen Bären die Schuld geben. Wie viele Waschbären es in Europa heute gibt, wissen wir nicht. Es müssen jedoch Hunderttausende sein, wenn nicht mehr, und noch immer kann man das genetische Erbe der Edersee- und der Brandenburg-Population deutlich im Genpool sehen. Allerdings zeigen die Genanalysen auch, dass allein die deutschen Waschbären von mindestens vier verschiedenen Ursprungsorten stammen.[2]

Es ist kein Zufall, dass die ersten Tiere in den gewässernahen Eichenwaldgebieten florierten, denn Waschbären lieben alte Eichenbestände und Wasserzugang. Die großen Bäume versprechen gute Höhlen, und ihre raue Rinde eignet sich prima zum Klettern. An einer glatten Buche dagegen kann ein Waschbär abrutschen, entsprechend wenig beliebt sind Buchenwälder bei den Tieren, denn was durchaus lustig aussieht, kann bei einer Flucht lebensgefährlich sein. Waschbären sind schließlich keine guten Läufer, also ist der Rückzug nach oben Überlebensstrategie.

Die alten Wälder und Gewässer bieten außerdem ein großes Nahrungsangebot. Die flexiblen Tiere sind Allesfresser, und ihre Nahrung verändert sich über den Jahresverlauf.[3] Die genaue Zusammensetzung kann bei einem flexiblen Generalisten naturgemäß von Ort zu Ort unterschiedlich ausfallen, klar ist jedoch, dass beim Waschbären vor allem wirbellose Tiere und Pflanzliches auf dem Speiseplan stehen. Saftige Regenwürmer,

Weichtiere (besonders Schnecken) und proteinreiche Insekten sind ebenso begehrt wie Nüsse und Früchte. Wirbeltiere wie Amphibien, Fische, Mäuse und Vögel sind ebenfalls Teil der Speisekarte, machen aber einen geringeren Anteil aus.[4] Trotz der Wasserliebe waschen Waschbären ihre Nahrung übrigens nicht, auch wenn ihr Name anderes suggeriert. Die zweite Hälfte des Namens ist genauso falsch wie die erste, denn Waschbären sind, genau wie die ganze Familie der Kleinbären, nicht näher mit den Bären verwandt. Aber woher kommt die Idee mit dem Waschen? Wenn man Waschbären an Gewässern nach Beute suchen sieht, könnte man meinen, dass sie ihre Pfoten waschen; tatsächlich tasten sie aber im Wasser nach Leckereien. Generell befühlen die Tiere ihre Nahrung gründlich – an Land und im Wasser, und viele ihrer Beutetiere leben nun mal in feuchten Gegenden. Die Pfoten der Waschbären sind schier unglaubliche Sinnesorgane, wie wir später noch sehen werden.

Aufgrund ihres vielfältigen Speiseplans werden Waschbären inzwischen auf der *Liste für invasive gebietsfremde Arten von unionsweiter Bedeutung* der Europäischen Union geführt. Diese Liste führt eingeschleppte Arten auf, die in unseren Breiten ökonomischen und ökologischen Schaden anrichten. Diese zweifelhafte Ehre ist allerdings umstritten, denn um als invasiv zu gelten, muss eine Art in ihrem neuen Lebensraum nachhaltige Schäden anrichten. Auf der einen Seite kann der Waschbär unbestritten zum Problem für lokal begrenze Populationen von gefährdeten Vögeln, aber vor allem von Amphibien-Vorkommen werden. Die ohnehin durch massiven Lebensraumverlust, industrialisierte Landwirtschaft, Forstwirtschaft und Umweltverschmutzung angeschlagenen Populationen können schon einigen wenigen hungrigen Waschbären zum Opfer fallen. In solchen Fällen wäre es notwendig, die bedrohten Populationen durch Zäune oder Elektrolitzen zu schützen. Ob der Waschbär vermehrt geschossen werden sollte, wird dagegen heiß diskutiert. Denn andererseits gibt es neben grundsätzlich angebrachten ethischen Überlegungen beim Töten von intelligentem, fühlendem Leben einige weitere Dinge zu bedenken. Zunächst ist der Waschbär nicht die Ursache des Rückgangs der besagten gefährdeten Tierarten, und in gesunden Beutepopulationen wäre sein Einfluss möglicherweise grundsätzlich vernachlässigbar. Meist fressen Allesfresser das, was in ihrem Lebensraum am häufigsten vorkommt und mit möglichst geringem Aufwand gesammelt oder erbeutet werden kann. Im Gegensatz zu unseren exponierten Überlebenden-Inseln wären großflächige Vorkommen der Beutetiere nicht so anfällig. Ob der Waschbär wirklich Schaden im Ökosystem anrichtet, ist ungeklärt. Die Studienlage hierzu ist nicht eindeutig und vor allem unzureichend, spricht unterm Strich jedoch eher dagegen. Erste Studien zum Einfluss auf Vogelarten zeigten beispielsweise einen geringen Einfluss des Waschbären, für die meisten untersuchten Vögel lag der Anteil vom Waschbären erbeuteter Jungvögel bei unter zwei Prozent. Insgesamt konnten die Forschenden für alle Wirbeltiere, inklusive der Amphibien, keinen auffälligen Einfluss auf seltene oder geschützte Arten feststellen.[5] So oder so wäre es aber doch in unser aller Interesse, die Lebensräume der Wildtiere wiederherzustellen und so nicht nur den Tieren auf dem Speiseplan des Waschbären, sondern allen vom Menschen bedrohten Arten wieder ein Auskommen zu ermöglichen.

Darüber hinaus gibt es noch ganz praktische Überlegungen. Denn der Nutzen der Jagd als Eindämmungsmethode ist ebenfalls höchst umstritten. Auf Inseln lassen sich Tiere durch gezieltes, intensives Bejagen gelegentlich ausrotten. So konnte man in Großbritannien in den 1930er-Jahren zum Beispiel die eingeschleppten Bisamratten wieder loswerden, in den 1980er-Jahren auch das Nutria.[6, 7] Eine Insel ist jedoch ein begrenzter Raum ohne Zuwanderung von außen, Deutschland ist das nicht. Bei Füchsen konnte beispielsweise gezeigt werden, dass die Fuchsjagd meist keine Verringerung der Population verursacht, sondern nur mehr Fluktuation in den Revieren und damit letztlich unnötiges Leid. Auch bei Waschbären fanden Studien in den USA in bejagten Gebieten überproportional viele junge Tiere, und insgesamt waren dort viel mehr Tiere im Frühjahr trächtig als in jagdfreien Vergleichsgebieten.[8] Möglicherweise könnte man die Waschbärpopulationen begrenzen, indem man Tiere fängt, sterilisiert und wieder freilässt, allerdings ist auch das unzureichend untersucht. Letztlich werden wir mit dem Waschbären als neuem Nachbarn leben müssen, ob es uns gefällt oder nicht.

Vielleicht sollten wir also besser damit anfangen, unsere Naturräume wiederherzustellen; dass das sinnvoll wäre, wissen wir mit Sicherheit. Dies könnte noch den unerwarteten Nebeneffekt haben, wieder von mehr Natur umgeben zu sein, wenn zum Beispiel die sogenannten Top-Prädatoren in ihre Heimat zurückkehren. Wenn die Beutegreifer am oberen Ende der Nahrungskette, wie Wolf, Bär, Luchs oder Uhu, wieder zahlreicher vertreten sind, könnte das den Waschbären möglicherweise zumindest in gewissem Maße begrenzen, allerdings nicht so, wie man nun sicherlich denkt.

Zwar fressen die Genannten durchaus den einen oder anderen Waschbären, zum Beispiel in den USA, wo dem Waschbären auch noch weitere Beutegreifer auf den Pelz rücken. Zahlenmäßig macht das jedoch eher wenig aus. Womöglich reicht es bereits, wenn die Waschbären um die neue Präsenz der tierischen Jäger wissen. In einem Experiment spielten kanadische Forscher wild lebenden Waschbären in British Columbia Tonaufnahmen von Haushunden und Seehunden vor. Seehunde spielen keine Rolle für den Waschbären, entsprechend egal war den Tieren das Seehund-Konzert. Hörten sie allerdings das Bellen der Hunde – die ihnen durchaus gefährlich werden können –, wurden sie so vorsichtig, dass sie über einen Monat gemessen zwei Drittel weniger Zeit auf Nahrungssuche verbrachten, und wer weniger Nahrung findet, kann weniger Jungtiere großziehen.[9]

Das bringt mich am Ende dieses Themas noch zu einem skurrilen Fundstück meiner Recherche dazu, wie sich eigentlich Beutetiere in der ursprünglichen Heimat des Waschbären vor dem Gefressenwerden schützen. In Florida leben Ruderfüßer, die wie einige andere Wasservögel in Kolonien brüten. Ihre Nester bauen sie in Bäume, die das Wasser säumen, Bäume, die zu erklettern ein Leichtes für einen geschickten Waschbären ist. Was also tun?

Gegen Eindringlinge hilft bekannterweise ein aufmerksamer Wachhund, nur ist es in diesem Fall kein Hund hinter der Tür, sondern ein Alligator unter dem Baum. Die Alligatoren verbringen viel Zeit ruhend unter besagten Bäumen und halten so neugierige Waschbärnasen fern. Es muss herrlich sein, als junges Ruderfüßer-Küken sicher in seinem Nest mit Wasserblick zu sitzen, gut bewacht von einer riesigen Wach-Echse – zumindest bis einen jemand hinunterschubst. Denn das ist der Vorteil, den das ungewöhnliche Arrangement für den Alligator mit sich bringt, wie der gute Ernährungszustand und die prima Blutwerte von »Alligatoren mit Ruderfüßer-Kolonie« beweisen. Wie so oft bei Vögeln, schlüpfen mehr Küken aus den Eiern, als von den Elterntieren versorgt werden können. Wer dann im Nest den Kürzeren zieht, wird schnell mal über die Planke geschickt. Nur um in diesem Fall direkt im Maul eines Alligators zu landen.[10]

Was den Waschbären neben seinem flauschigen Körper, der spitzen Nase und den Knopfaugen so niedlich für uns macht, ist seine Fellzeichnung. Die dunkle Gesichtsmaske fällt genauso ins Auge wie der geringelte Schwanz. Dass die Maske an eine Verbrechermaske aus Comics und Geschichten erinnert und dass das wie die Faust aufs Auge zu unserem Bild vom frechen Waschbären passt, macht ihn als Figur für Kinderbücher oder Blickfänger auf Stoffen, Brotdosen oder Postkarten nur noch interessanter. Dass die Tiere die putzige Maske tragen, verdanken wir im Übrigen der Nacht.

Waschbären sind ausgesprochen nachtaktiv. Selbst Welpen, die von Menschen per Hand aufgezogen wurden und auch tagsüber viel aktiv waren, werden mit zunehmender Selbstständigkeit von ganz alleine wieder nachtaktiv. Im Dunkel lassen sich Gesichtsausdruck und Köperhaltung eines Artgenossen aber nur schwer erahnen. Dabei vermitteln diese Informationen über Stimmung und Absichten des anderen. Sie verraten zum Beispiel etwas darüber, ob das Gegenüber eher an einem romantischen Tête-à-Tête oder einer Prügelei interessiert ist. Solche Unterschiede auch im Dunkeln ausmachen zu können ist nachvollziehbarerweise durchaus relevant, insbesondere da Waschbären äußerst gesellige Zeitgenossen sind.

Die auffällige Zeichnung des Gesichts durch Hell-Dunkel-Kontraste macht es den Tieren leichter, das Gegenüber einzuschätzen. Nicht nur die Augenpartie ist durch die dunkle Maske mit hellem Rand abgegrenzt, auch die Ohren sind beispielsweise hell umrandet und auf der Rückseite schwarz.

Ein ähnliches Muster sehen wir auch beim nachtaktiven Dachs und dem Marderhund, was ihm im Englischen sogar den Namen *raccoon dog*, also »Waschbärhund« einbrachte, und genauso irreführend ist wie der deutsche Name. Tatsächlich gehört das bei uns ebenfalls erst kürzlich heimisch gewordene Tier, das wie eine Kreuzung aus Fuchs und Waschbär daherkommt, zur Familie der Hunde. Zumindest mit dem zweiten Teil des Namens lagen also Briten wie Deutsche richtig.

Eine gute Kommunikation ist für Waschbären wichtig und dafür ist es natürlich hilfreich, wenn man den anderen sieht. Zwar ziehen die Mütter ihre Welpen alleine groß, mit ihren Kindern, vor allem mit ihren Töchtern, bleiben sie jedoch auch nach deren Erwachsenwerden häufig in Verbindung.

Die Mutter-Kind-Bindung ist eng, und die Welpen sind lange auf ihre Mutter angewiesen. Da sie häufig in Baumhöhlen geboren werden, müssen die Welpen erst einen gewissen Entwicklungsstand erreichen, um die Wurfhöhle sicher verlassen zu können. Sie entwickeln sich also etwas langsamer als bei ähnlich großen Säugetieren. Die Fähe bringt auch kein Futter nach Hause, daher muss sie die Ernährung in den ersten zwei Monaten vollständig durch Muttermilch abdecken. Während die Mutter in anstrengenden Nächten versucht, ihren Kalorienbedarf zu decken, liegen die Welpen warm und weich eingekuschelt in der Höhle oder trinken, wenn die Fähe zurück ist, bequem an der Milchbar (Waschbärenfähen säugen auf dem Rücken liegend, die trinkenden Welpen kauern auf ihrem Bauch). Wenn die Jungtiere groß genug sind, um sicher draußen unterwegs zu sein, werden sie mit dem Rest der Sippe bekannt gemacht. Besonders wenn irgendwo Nahrung im Überfluss vorhanden ist, kann man große Gruppen von Waschbären einträchtig nebeneinander fressen sehen. Die Kommunikation zwischen den Tieren erfolgt auch über sogenannte Latrinen – in denen die Tiere nicht nur ihre Notdurft verrichten, sondern damit auch »duftende« Botschaften für ihre Artgenossen hinterlassen. So ein Latrinenbesuch ist also für den Waschbären ein wenig, wie mit dem Handy auf dem Klo WhatsApp-Nachrichten oder E-Mails zu checken.

Die Panzerknacker
unter den Tieren

Wie zu Beginn des Kapitels angesprochen, hat man in der Stadt die besten Chancen, einem Waschbären über den Weg zu laufen. Während man in waschbärtauglichen Gegenden auf dem Land etwa fünf bis fünfundzwanzig der possierlichen Tiere auf einem Quadratkilometer vorfindet, können es in Städten locker über hundert sein.[11, 12]

Dass Allesfresser in der Stadt erfolgreich sind, kennen wir auch von anderen Arten. Ratten profitieren genauso wie Krähen oder Füchse vom Schlaraffenland Stadt. Neben allerlei Früchten in Gärten und Kleingärten bietet die Stadt buntere Natur und damit mehr Beutetiere und darüber hinaus Berge von Müll. Trotzdem erreicht kein anderes Raubtier so hohe städtische Bevölkerungszahlen wie der Waschbär – zum Vergleich, unser erfolgreichster einheimischer Stadtbewohner unter den Raubtieren, der Fuchs, schafft es in Berlin maximal auf zehn bis fünfzehn und im Rekordhalter London auf fünfundzwanzig Tiere auf gleicher Fläche.

Auch der gute Ernährungszustand der Stadtbären zeigt, wie gut der Waschbär im urbanen Raum zurechtkommt. Dabei werden die kleinen Neubürger mit zunehmendem Jahresverlauf immer dicker. Das Phänomen kennen manche von uns wahrscheinlich auch, besonders wenn es auf Weihnachten zugeht. Im Gegensatz zu den Waschbären verlieren wir den Speck aber leider nicht wieder über den Winter. Schnecken, Würmer, Insekten, Obst – wenn man an die Lieblingsspeisen der Waschbären denkt, fällt schnell auf, dass der Tisch im Winter deutlich weniger gut gedeckt ist als im Sommer. Da Waschbären keinen Winterschlaf halten, haben sie es im Gegensatz zum Kollegen Dachs zum Beispiel nicht geschafft, sich in den allerkältesten Regionen der nördlichen Breiten anzusiedeln. Minus zwanzig Grad und tiefer müssen sie, beispielsweise in Alaska, trotzdem überstehen. Um den Winter zu überleben, fahren sie ihre Aktivitäten während der kalten Jahreszeit deutlich herunter und zehren von den zuvor angefressenen Fettreserven. In Alaska können Waschbären bis zu fünfzig Prozent ihres Körpergewichts an Fett zulegen und kommen damit auf zehn bis vierzehn Kilogramm, im wärmeren Florida werden nur etwa fünfzehn Prozent zugelegt. In Verbindung mit ihrem dichten Fell isoliert die Fettschicht so gut, dass ein Waschbär im Schnee liegen kann, ohne diesen zum Schmelzen zu bringen.[13]

In Berlin wird es im Winter zwar gelegentlich auch ordentlich kalt, Verhältnisse wie in Alaska herrschen hier – entgegen dem Eindruck manch winterlicher Berichterstattung – hingegen nicht. Generell ist es in Städten meist etwas wärmer als im Umland, da die Stadt Hitze produziert und speichert. Trotzdem bringen es die Stadt-Waschbären hin und wieder ebenfalls auf über zehn Kilogramm. Der dickste Waschbär, der meiner Freundin, der Waschbär-Expertin Carolin Weh, einmal im Rahmen einer ökologischen Studie in Berlin in die Lebendfalle ging, brachte über elf Kilo auf die Waage. Das ist rund das Doppelte des durchschnittlichen Fuchsgewichts. Im Laufe meiner Doktorarbeitszeit über die Berliner Füchse habe auch ich unfreiwillig eine Menge Waschbären in meinen Fuchsfallen gefangen, und zu meiner großen Freude durfte ich auch bei Besenderungen in Carolins Forschungsprojekt assistieren. Insgesamt habe ich in Berlin jede Menge dicke Waschbären gesehen. Wenn die

Tiere so richtig rund sind, sehen sie aus wie ein plüschiges Kissen mit Kopf und Ärmchen. Aber warum sind die kleinen Bären mit der Panzerknacker-Maske so erfolgreich in der Stadt?

Die Antwort auf diese Frage beginnt mit einer weiteren: Was würden Sie tun, wenn Sie allein in einem leeren Raum wären und dort auf einen leuchtenden blauen Knopf stoßen würden? Er wäre einfach da und würde ungefragt vor sich hin leuchten, und niemand außer Ihnen wäre zugegen. Würden Sie ihn drücken?

Wären Sie ein Waschbär, dann würden Sie ihn drücken! Und anschließend vermutlich gleich noch abmontieren und von der Elektrik trennen.

Waschbären sind unglaublich neugierig, so erkunden sie jede Ecke und jeden Winkel, die sie erreichen können. Und das sind eine Menge, denn die umtriebigen Tiere sind herausragende Kletterer. Während wir Menschen uns mit wenigen Ausnahmen eher in der Fläche bewegen, ist die Bewegungswelt des Waschbären dreidimensional. Sie können dank ihrer Krallen und ihrer flexiblen Hinterbeine sogar wie Eichhörnchen mit dem Kopf voran senkrecht nach unten klettern, und das bei deutlich höherem Gewicht.

Ihre Kletterfähigkeiten in Verbindung mit der Neigung, die Welt zu erkunden, bringen Waschbären nicht nur auf Baumwipfel, sondern auch auf Hausdächer, in Kabelschächte, auf Balkone und Fenstersimse – gerne mal im dritten Stock – und an allerlei andere unerwartete Orte. So wurden eines Nachts die verwunderten Bewohner von Bad Nauheim in Hessen aus ihren Betten geklingelt. Anhaltendes Geläut der Kirchenglocken der evangelischen Johanneskirche zerschnitt die Stille der Nacht. Ein Waschbär war in eine Nische hinter der Orgel gestürzt und hatte dabei versehentlich den Kippschalter für die Glocken betätigt.[14]

Wie schnell Waschbären neue Orte für sich entdecken, lässt sich auch im Norden Berlins auf dem stillgelegten Hauptstadtflughafen beobachten. Wo noch vor kurzer Zeit Flugzeuge starteten und landeten, finden sich heute statt Koffern verräterische Fußspuren auf den Gepäckbändern.

Waschbären erobern sich städtische Lebensräume nicht nur, weil sie gut klettern können, sie besitzen auch eine außergewöhnliche Fingerfertigkeit. Die kleinen Langfinger haben nämlich ganz besondere Hände. Wie wir im Kapitel »Ein Leben im Dunkel« gesehen haben, besitzen viele nachtaktive Arten besonders entwickelte Sinne. Waschbären sehen dank *Tapetum lucidum* und Nachtschwärmer-Ausstattung im Dunklen ganz gut, außerdem verfügen sie über ein feines Gehör und einen ausgeprägten Geruchssinn. Der Sinn, der in seiner Ausgeprägtheit alle anderen in den Schatten stellt, ist ihr Tastsinn.

Obwohl Waschbären mit ihren Pfoten klettern und laufen können müssen, sind ihre Pfoten extrem weich und empfindsam. Wer schon einmal das Glück hatte, eine Waschbärpfote zu streicheln, vergisst das Gefühl sicherlich nicht. Sie fühlen sich warm, etwas ledrig und dennoch samtweich an.

Die Zartheit der Pfoten, die mit Nervenzellen gespickt sind, führt dazu, dass sie sich auf ihren Kletterpartien zwar leichter verletzen, im Gegenzug eröffnen ihre Tastorgane ihnen aber auch eine ganz besondere Wahrnehmung der Welt.

Betrachtet man die Verarbeitung von Tastsignalen im Waschbärengehirn, wird klar, dass das Fühlen für die Bären sein muss, was für uns das Sehen ist. Wie sich die Welt durch so einen feinen Tastsinn darstellt, können wir uns kaum vorstellen. Wie sehr ihr Supersinn den Waschbären hilft, ihre Umgebung zu erfassen, erkennt man nicht nur daran, wie intensiv sie alles und jeden mit ihren Pfoten abtasten, sondern auch anhand der Tatsache, dass sie zur Not sogar ohne Augenlicht zurechtkommen können. In Minnesota wurde über Monate ein besonderer Waschbär beobachtet. Das blinde Tier konnte sich offenbar ohne größere Einschränkungen in seinem mehrere Quadrat-kilometer großen Revier bewegen und überleben.

Während meiner Bachelorarbeit zu Wölfen und Braunbären verbrachte ich viel Zeit in einem Wildpark in Niedersachsen. Dort gab es neben besagten Tieren auch Waschbären. In einem großen, naturnah gestalteten Gehege mit eigenem Wasserlauf und vielen Bäumen waren Waschbären verschiedener Herkunft untergebracht. Da die Tiere auf der Unionsliste stehen, dürfen sie nicht wieder ausgewildert werden. Das stellt Auffangstationen und Kliniken, in denen verletzte Tiere abgegeben werden, vor ein großes Problem. Aus diesem Grund waren auch ein paar der Waschbären in diesem Park Handaufzuchten und entsprechend wenig scheu gegenüber Menschen. Unverfroren trifft es wohl besser, denn wenn man in das Gehege ging, musste man vorher gründlich überprüfen, ob man alle Taschen geleert oder die Kamera, das Fernglas oder den Schal fest umhängen hatte. Absolut nichts war vor den flinken Händen der Tiere sicher. Zur Fütterung gingen meine Freundin Manu, die dort ebenfalls ihre Abschlussarbeit durchführte, und ich ab und an gemeinsam in das Gehege. Keine zwei Schritte später hing einem schon der erste Waschbär am Bein, und ehe man sich versah, wurde man wie ein Baum erklettert. Dabei untersuchten die Waschbären mit tastenden Bewegungen und leichtem Druck ihrer Hand-flächen jeden Knopf, jeden Reißverschluss und jede Naht der Kleidung. Fanden sie eine Öffnung, wie eine Hosentasche, ging blitzschnell die Pfote hinein und untersuchte das Innere. Trotz ihrer Feinfühligkeit haben Waschbären ganz schön viel Kraft, und so erschrak ich jedes Mal wieder, wenn eines der zarten Pfötchen den Rand meines Futtereimers zu fassen bekam und plötzlich mit echten Bärenkräften daran riss. Einmal kletterte ein Waschbär sogar auf meinen Kopf. Abgelenkt von den ande-ren Tieren, die um meine Beine wuselten, ließ ich ihn kurz gewähren, obwohl ich mich schon fragte, was er dort Spannendes gefunden haben mochte, das seine Pfoten so hektisch durch meine Haare tasten ließ. Dann, mit einem Ruck, zog er das Haargummi von meinem Pferdeschwanz, und ich bekam es gerade noch zu fassen, bevor sich der kleine Räuber damit aus dem Staub machen konnte.

Der Tastsinn des Waschbären gibt der Forschung noch einige Rätsel auf. Man weiß etwa nach wie vor nicht, wie es den Tieren möglich ist, selbst bei Wintertemperaturen im kalten Wasser noch kleinste Objekte zu ertasten. Wir Menschen hätten längst klamme Finger, denn schon ab zwanzig Grad kann unsere Hand ihre normalen motorischen Fähigkeiten nicht mehr ausführen. Genauso wissen wir noch wenig über die Verarbeitung der Reize im Gehirn. Klar ist nur, dass der Waschbär hierfür im sensomotorischen Kortex enorme Hirnkapazität bereitstellt.[15, 16] Die Tiere sind nicht nur geschickt, sondern auch schlau. Ihre hohe Auffassungsgabe haben sie schon in diversen Experimenten unter Beweis gestellt, in denen sie zum Beispiel verschiedene Verschlusssysteme verstehen und knacken mussten. Egal ob Knöpfe, Haken, Ösen, Griffe, Schlösser, Riegel oder Stöpsel – es gibt wenig, was ein Waschbär mit seinen langen, sensiblen Fingern nicht bedienen kann. Dazu können sie sich solche erlernten Fähigkeiten auch noch jahrelang merken. In einem Experiment aus den 1990er-Jahren brachte man Waschbären bei, zwischen gleichen und ungleichen Symbolen zu unterscheiden, eine nicht triviale Aufgabe, die ein gewisses konzeptionelles Denken erfordert. Als man sie drei Jahre später testete, konnten sich die Tiere noch immer an die Lösung des Experiments erinnern.[17] Auch das Konzept des Zählens scheinen die Tiere zu beherrschen, und ähnlich wie bei uns Menschen lernen junge Waschbären schneller, dafür können ältere Tiere Erlerntes besser auf neue Situationen übertragen.[18]

Im dreidimensionalen Raum unterwegs, jeder Nahrung gegenüber offen, schlau und neugierig, mit Super-Tastsinn und der Fähigkeit zum Lösen von Problemen im Gepäck – der Waschbär ist das Schweizer Taschenmesser unter den Stadtwildtieren.

Wer jetzt bei all den guten Eigenschaften gepaart mit dem Niedlichkeitsfaktor der Kleinbären denkt, so ein Waschbär würde ein gutes Haustier ergeben, der irrt sich gewaltig. Mal ganz davon abgesehen, dass Wildtiere nicht zu Haustieren werden, nur weil man sie dort hält, sondern der Prozess der Domestikation Jahrtausende dauert, machen gerade seine motorischen Fertigkeiten den Waschbären zu einem unkontrollierbaren Wirbelwind. Stellen Sie sich einen unerzogenen Hund vor, der alles frisst und zerkaut, was ihm vor die Nase kommt, und dann stellen Sie sich vor, dieser Hund könnte klettern, Schubladen, Schränke, Türen und sogar den Kühlschrank öffnen.

Zudem spielt Geruch eine große Rolle in der sozialen Kommunikation der Waschbären. Familienmitglieder werden zum Beispiel gerne mit ein paar Pipitropfen begrüßt, oder eine interessante Stelle wird mit einer Bremsspur aus Analsekret markiert. Na, immer noch so verlockend?

Lassen wir die Waschbären also Wildtiere sein. Durch ihre Anwesenheit in der Stadt kommen sie uns nahe genug, um sie mit etwas Geduld beobachten zu können. Manchmal sogar etwas zu nahe, wenn sie sich in Dachstühlen oder Lüftungsschächten einnisten. Dagegen helfen jedoch einfache Schutzmaßnahmen, wie bestimmte Manschetten, mit denen man dem kleinen Räuber sowohl den Zugang zum Dach als auch den zum Nistkasten im Garten verwehren kann. Manche Waschbärforscher glauben übrigens, dass Stadtwaschbären schlauer sind als ihre Artgenossen auf dem Land. Das gilt besonders in Kanada, wie Sie gleich sehen werden.

Als der Bürgermeister
von Toronto den Waschbären
den Krieg erklärte

In Nordamerika, dem natürlichen Verbreitungsgebiet des Waschbären, liegt die selbst ernannte Welt-Waschbär-Hauptstadt. Die Einwohner Torontos, der Millionenstadt im Südosten Kanadas, verbindet eine intensive Hassliebe zu den Tieren. Obwohl Waschbären manchmal ganz schön nervig für die Stadtbevölkerung sein können, lässt Toronto nichts auf »seine« Waschbären kommen. Sie sind das inoffizielle Maskottchen der Stadt. Als einmal ein Waschbär auf einer belebten Straße überfahren wurde, tauften ihn Einheimische und Lokalpresse auf den Namen Konrad, und der Unglücksort wurde mit Dutzenden Blumen und Kerzen geschmückt.

Wenn die Bewohner von Toronto über ihre Waschbären und ihr zahlreiches Vorkommen in der Stadt sprechen, geschieht das nicht ohne Stolz. Irgendwie fühlt man sich den Kleinbären offenbar verbunden. Amy Dempsey, Journalistin beim *Toronto Star*, und eine der Protagonistinnen der Geschichte, die der amerikanische Podcast *99 %invisible* erzählt hat, sagt über den angeblichen Status Torontos als Hauptstadt der Waschbären: Sollten Wissenschaftler diesen jemals widerlegen, würde die Stadt in eine echte Identitätskrise fallen.

Tatsächlich gibt es keinerlei Grund zu der Annahme, dass es in Toronto tatsächlich mehr Waschbären pro Quadratmeter gibt als in anderen Städten Kanadas oder Nordamerikas. Aber um es mit Amy Dempseys Worten aus dem Podcast zu sagen, »wer braucht schon Daten, wenn man es fühlen kann?«.[19]

Trotz der allgemeinen Waschbärbegeisterung gibt es gewisse Angewohnheiten der Kleinbären, die auf weniger Gegenliebe in der Bevölkerung stoßen. Die Waschbären haben die städtischen

Mülltonnen als Nahrungsquellen für sich entdeckt. Besonders attraktiv ist dabei die grüne Komposttonne, in der die ganzen verlockenden Leckereien praktischerweise plastikfrei als *All you can eat* Buffet serviert werden. Diese grüne Tonne sollte in Toronto noch für einige Unruhe sorgen, aber begeben wir uns an den Anfang der Geschichte:

Überall in der Stadt bedienen sich Waschbären an den Essensresten der Stadtbewohner und verteilen diese gerne großflächig. Die Stadtverwaltung erkennt bald die Notwendigkeit, gegen das massenhafte Ausleeren der Tonne und das Verteilen des Mülls in Hunderten von Torontoer Vorgärten und Einfahrten vorzugehen. Also schreibt sie einen Auftrag aus. Gesucht wird eine Firma, die sich zutraut, eine neue grüne Tonne zu entwickeln, die den kleinen Unruhestiftern standhält.

Es gibt einen öffentlichkeitswirksamen Wettbewerb, und einiges Geld wird investiert. Nach mehreren Runden Produktentwicklung und eineinhalb Jahren Entwicklungszeit präsentiert schließlich ein Entsorgungsunternehmen die grüne Tonne von morgen. Der Chef der Firma stellt sie persönlich vor und betont die vielen Anforderungen, die sie erfüllen muss: Der Deckel der Tonne muss sich mit einer Hand bedienen lassen und sich öffnen, wenn diese kopfüber und vollautomatisiert von der Müllabfuhr eingesammelt wird. Daneben soll die Tonne wetterfest und kindersicher sein und dabei noch möglichst schick aussehen. All das soll die neue Tonne leisten und darüber hinaus auch einhundert Prozent waschbärsicher sein, verkündet man nicht ohne Stolz.

Selbst der Bürgermeister von Toronto, John Tory, beteiligt sich an der Verkündigung. Als ginge es darum, einen neuen Einsatz gegen Bandenkriminalität anzukündigen (und in gewisser Sicht ist es das ja auch), spricht er, vor einer Reihe kanadischer Flaggen stehend, mit ernster Entschlossenheit in die laufenden

Fernsehkameras. Das »Volk der Waschbären« sei gerissen, entschlossen und hungrig, aber man sei motiviert, ihm zu zeigen, dass man klüger sei. Heroisch und siegessicher hält Tory die neue grüne Tonne in die Kamera und sagt: »Aufgeben ist keine Option.«

Der Deckel der waschbärsicheren Tonne ist mit einem runden Drehknauf mit Hebel verriegelt. Steht der Hebel in horizontaler Position, ist der Deckel verschlossen, bei vertikaler Position lässt er sich öffnen. Durch die Position des Hebels ist der Mechanismus für Waschbären, die im Gegensatz zu uns Menschen und anderen Menschenaffen keinen opponierbaren Daumen haben, angeblich eine unlösbare Aufgabe. Eine große Werbekampagne kündigt die Einführung der Tonne in der gesamten Stadt an, und in der Bevölkerung macht man sich bereits Sorgen, die Waschbären könnten zukünftig hungern.

Torontos Bürger besitzen nun also waschbärsichere Tonnen – Ende der Geschichte. Oder nicht? Kurz nach der Umstellung auf die neuen Behälter häufen sich erste Berichte von Waschbären, die es schaffen sollen, die Tonnen zu öffnen. Beim Entsorgungsunternehmen dementiert man: Einzelfälle und Anwenderfehler – die Deckel seien in besagten Fällen nicht ordentlich verschlossen gewesen. Bei korrekter Handhabung – die man einigen Bürgern anscheinend nicht zutraut – sei ein Öffnen des Deckels durch Waschbären ausgeschlossen.

Doch dann taucht ein Video auf, das einen Waschbär zeigt, der einen eben dieser Deckel öffnet – und anschließend in die Kamera blickt. Als würde er eine Antwort des »Waschbärenvolks« an Bürgermeister Tory übermitteln. Das Video geht viral.

Die Entsorgungsfirma ist weiter überzeugt, es handelt sich um Nutzerfehler. Man schickt Mitarbeiter vorbei, die die Deckel austauschen, auch wenn sie vor Ort keinen Schaden erkennen können. Nachdem erst die Tonne ihrer Nachbarin und dann ihre eigene am Morgen geplündert in der Einfahrt liegen, will Journalistin Amy Dempsey der Sache endlich auf den Grund gehen. Sie kontaktiert Professor Suzanne MacDonald, Expertin für Verhaltensbiologie und Waschbärexpertin, die seit Jahren die Waschbären Torontos untersucht. Sie bekommt eine Wildkamera mit Videofunktion, mit der sie ihre Mülltonnen in den nächsten Nächten überwachen kann.

Zwei Tage passiert nichts, dann sind die Tonnen wieder ausgeräumt. Aufgeregt öffnet Amy die Dateien der Speicherkarte auf ihrem Computer. Sie betrachtet die Videoaufnahmen und sieht ihre Einfahrt ruhig daliegen. Plötzlich kommt eine Waschbärin ins Bild. Sie schaut sich um, ein Blick in die Kamera, als würde sie sagen »und jetzt sieh genau hin«, und dann wirft sie die neue waschbärsichere Tonne einfach um. Sie zieht sie behände herunter, genau im richtigen Winkel, um nicht von der herabstürzenden Tonne getroffen zu werden. Dann dreht sie den Griff, und die Tonne ist offen. Sie macht das offenbar nicht zum ersten Mal.

Wenn die Tonne am Boden liegt, lässt sich der Griff offenbar leichter bewegen, und so hat die Waschbärin doch noch ein Schlupfloch gefunden. Als die Journalistin das Video beim *Toronto Star* veröffentlicht, kommt eine Flut an Leserberichten ähnlicher Vorkommnisse zurück. Überall in der Stadt gibt es Waschbären, die bereits auf diese Lösung des »Problems« gekommen sind.

Amy Dempseys Tonnen sind nun übrigens tatsächlich waschbärsicher, sie hat sie an ihrer Hauswand befestigt, damit sie nicht mehr umgeworfen werden können.

Heißt das nun, dass bald alle Waschbären Torontos wieder Mülltonnen ausleeren? Professor MacDonald ist begeistert vom Erfindungsgeist der Waschbären, wiegelt aber dennoch ab. Waschbären würden sich solche Fähigkeiten nicht gegenseitig beibringen, und so bleiben die klugen Tonnen-Überlister vermutlich eine Minderheit im Waschbärenvolk, und die Mehrheit der 450 000 grünen Tonnen Torontos dürfte sicher sein. Um hungernde Waschbären müssten sich die Einwohner dennoch keine Sorgen machen. Die Waschbären Torontos seien nachweislich so dick wie eh und je.

DIE GILDE

Im Kapitel »Sich aus dem Weg gehen« lernen wir die »Gilde« der afrikanischen Großkarnivoren kennen. Aber was ist eine Gilde? Mir drängt sich da ein Bild von Tieren in lilafarbenen Roben auf, die sich bei Kerzenlicht und im Geheimen treffen. Wer an mittelalterliche Handwerksgilden denkt, ist tatsächlich schon recht nahe dran. Denn eine Gilde ist in der Biologie eine Gruppe von Arten, die, ohne notwendigerweise miteinander verwandt zu sein, auf ähnliche Weise die gleichen Ressourcen nutzt. Mitglieder einer Gilde haben also den gleichen »Broterwerb«. Wie Löwen, Leoparden, Geparden, Hyänen und Wildhunde, die zum Beispiel alle gerne Antilopen fressen – sehr zu deren Leidwesen.

DER VERLUST DER NACHT

Laut verschiedenen Berichten ereignete sich in einer zunächst gewöhnlich erscheinenden Nacht 1994 in der Großstadt Los Angeles etwas durchaus Bemerkenswertes. Nach einem flächendeckenden Stromausfall häuften sich bei der Notrufzentrale Anrufe besorgter Einwohner, die von seltsamen Lichtgebilden am Himmel berichteten. Was nach einer Alieninvasion in bester Tradition Roland Emmerichs klingt, war tatsächlich außerirdischen Ursprungs. Allerdings kündigte es nicht das Ende der Welt an, sondern erlaubte vielmehr einen Blick auf unsere eigene astronomische Heimat. Aufgrund fehlender Stadtlichter war zum ersten Mal seit Jahrzehnten ein klarer Sternenhimmel über der Stadt zu sehen und die hellen Gebilde nichts anderes als die Lichter der Milchstraße.

Eine *urban legend*? Vielleicht, aber durchaus nicht unglaubwürdig, denn etwa ein Drittel der Deutschen hat beispielsweise laut eigener Auskunft noch nie die Milchstraße gesehen.[1]

Die dunkle Seite des Lichts

Der Anblick der Milchstraße ist atemberaubend schön. Ein Meer von Sternen über unseren Köpfen. Man muss auf keinen Berg klettern, sich nicht durch Unterholz schlagen, keine Wüsten durchqueren. Sie sind immer da, einfach über uns. Eigentlich.

Denn auf der ganzen Welt erhellen künstliche Lichter das Dunkel der Nacht. In Städten leuchten dabei besonders viele

Lichter auf wenig Raum. Sie kennen vielleicht die Bilder der NASA von der Erde bei Nacht. Wie ein feines Netz ziehen sich Lichtfäden über Kontinente und an Küsten entlang, und wo größere Ortschaften und Städte liegen, leuchtet es hell ins All. Fast sieht die erleuchtete Erde bei Nacht selbst wie ein Sternenhimmel aus. Doch was von oben betrachtet wunderschön wirkt, sorgt ironischerweise dafür, dass wir, die von der Erde nach oben schauen, die spektakulären natürlichen Nachtlichter am Himmel nicht mehr sehen können.

Künstliches Licht in der Atmosphäre lässt den Nachthimmel zu einem diffusen Glühen verschmelzen. 99 Prozent aller Europäer und US-Amerikaner leben unter so einem aufgehellten Nachthimmel,[2] und da das Licht die natürliche Dunkelheit zerstört, nennen wir das Phänomen Lichtverschmutzung.

Astronomen bemerkten diese als Erste, denn nach und nach verschwanden immer mehr Sterne aus dem Bereich des Sichtbaren. Im Laufe der Zeit bauten sie ihre Teleskope in immer entlegenere Ecken der Welt. Heute steht das *Atacama Large Millimeter/Submillimeter Array* oder, etwas einprägsamer, ALMA, eines der leistungsstärksten Teleskope unserer Zeit, ausgerechnet in der Atacama-Wüste in Chile und damit an einem Ort, der zwar einen fantastischen Himmel für Forschende verspricht, dafür aber eine für Menschen so gar nicht geeignete Lebensumgebung bietet. Dass es weit und breit keine Siedlungen gibt, ist also Vor- und Nachteil zugleich.

Über Städten lässt sich Lichtverschmutzung besonders eindrucksvoll beobachten. Wer sich innerhalb der Stadt befindet, wird bemerken, dass es niemals wirklich dunkel wird. An wolkenverhangenen Tagen, an denen der natürliche Himmel dunkler wäre als der klare, ist es sogar noch heller. Die Lichter der Stadt werden von den Aerosolen der Atmosphäre gestreut und zurückgeworfen und hüllen die Stadt in ein gelb-rötliches Glühen. Mancherorts ist es so hell, dass man einen Zeitungsartikel lesen kann, ohne zusätzliches Licht einzuschalten. Wer sich außerhalb der Stadt befindet, kann das Phänomen ebenfalls beobachten, denn durch die vielen Lichtquellen wie beleuchtete Häuser, Straßenlaternen, Reklametafeln etc. bildet sich über der Stadt eine Lichtglocke. Das nächtliche Himmelsleuchten nennt sich *Skyglow* und ist problemlos mit dem bloßen Auge zu sehen.

Da Licht heute so günstig ist wie nie zuvor, nimmt die weltweite Lichtverschmutzung etwa um zwei bis sechs Prozent pro Jahr zu.[3] Menschen mögen Licht. Es verlängert den Tag, bringt uns Komfort und das Gefühl von Sicherheit, und außer dass wir aufs Land fahren müssen, um Sterne zu sehen, schadet etwas mehr Licht doch niemandem. Oder doch?

Die Antwort darauf, warum Lichtverschmutzung ein Problem darstellt, beginnt mit der Antwort auf eine andere Frage, die zunächst etwas ungewöhnlich erscheint. Sie lautet:

Warum treffen sich an Islands Küsten im Herbst zahlreiche Menschen, um gemeinsam Jungvögel des Papageientauchers entlang der Küste von den Klippen ins Meer zu werfen?

Papageientaucher oder Puffins sind Vögel des Nordens. Etwa sechzig Prozent der weltweiten Bestände nisten in Erdhöhlen an den Klippen Islands. Der rundliche Vogel mit dem ungewöhnlichen Gesicht, den die Isländer Lundi nennen, verbringt den Winter auf dem Meer und kehrt im Frühjahr zu seinen Brutplätzen an den Klippen zurück. Besonders viele Nistplätze findet man in den felsigen Küsten vorgelagerter Inseln, so auch auf Vestmannaeyjar, am südlichen Ende Islands, unweit von Reykjavík.

Wenn die dort neu geborenen Küken eines Jahres langsam flügge werden, kommt für sie die Zeit, das Land zu verlassen und sich aufs Meer hinauszuwagen. Noch bevor sich auf ihren grauen Schnäbeln erste Schimmer von Farbe zeigen, die später zum charakteristisch orange leuchtenden Merkmal der Vögel werden, müssen sie den Sprung aus dem Nest wagen. In der Nacht zeigt ihnen der Mond den Weg Richtung Meer an, auf dem sie die nächsten Jahre verbringen werden, bis sie alt genug sind, um selbst Eltern zu werden und hierher nach Vestmannaeyjar zurückzukehren.

Die vulkanischen Inseln sind jedoch auch von Menschen bewohnt, und die Lichter der Zivilisation bringen viele Jungvögel auf ihrem Weg in den nächsten Lebensabschnitt von ihrem Weg ab. Verwirrte Vögel stranden zwischen Häusern und Laternen, in Hafenbecken und Zäunen. Wenn sie Glück haben, treffen sie dort auf ein engagiertes Mitglied der *Puffling patrol* und werden vorsichtig eingesammelt. Am Morgen tragen die Isländer dann ihre mit Puffins bestückten Pappkartons an die Klippen, um die Jungvögel gemeinsam von den Klippen aus auf ihre Reise zu schicken.

Die ohnehin gefährdeten Papageientaucher sind nicht die einzigen Lebewesen, deren Leben durch Lichtverschmutzung beeinträchtigt wird. In den letzten Jahrzehnten häufen sich Forschungsergebnisse zu den mannigfaltigen Effekten künstlichen Lichts auf die Natur.

Die Forschung zur Lichtverschmutzung steckt quasi noch in ihren Kinderschuhen, denn lange musste sie um die Anerkennung ihrer Relevanz kämpfen, oder wie mein Biologen-Kollege und Experte für Lichtverschmutzung Franz Hölker es einmal ausdrückte: »In den 80ern war Lichtverschmutzung in der Ökologie noch so exotisch, dass sie fast schon als Esoterik galt.« Bis heute besteht ein mangelndes Problembewusstsein für die negativen Effekte von zu viel Licht zur falschen Zeit und am falschen Ort.

Möglicherweise hat dies damit zu tun, dass wir selbst kaum noch ein Gefühl für die Intensität von künstlichem Licht besitzen, nachdem es so allgegenwärtig geworden ist. Unsere Wahrnehmung dessen, was hell ist, hat sich seit den Anfängen nächtlicher Beleuchtung stark verschoben, und wir haben uns von der natürlichen Dunkelheit entfremdet. Die Straßenlaternen im Paris des 17. Jahrhunderts wurden beispielsweise in den kurzen Nächten zwischen April und Oktober und bei Mondschein gar nicht angezündet.[4] Heute käme wohl kaum jemand auf die Idee, bei Mondschein die Straßenlaternen auszuschalten.

Erinnern Sie sich an die Lichtverhältnisse einer natürlichen Nacht? In einer mondbeschienen Nacht herrscht etwa ein Zehntel Lux. Eine Straßenlaterne ist etwa zweihundert Mal so hell, Bürobeleuchtung ist schon fünftausend Mal und die Beleuchtung eines Fußballfeldes absurde fünfzigtausend Mal heller.[5]

Natürliche Anpassungen aus dunkler Vergangenheit

Erst wenn man sich bewusst macht, dass künstliches Licht das Tausendfache und Abertausendfache des natürlichen Nachtlichts in die Dunkelheit bringt, kann man erahnen, wie viel Schaden so ein Eingriff anrichten kann.

Über Millionen von Jahren hat sich die Natur im Rhythmus aus Licht und Dunkelheit entwickelt. Arten kamen und gingen, Kontinente zerrissen und vereinten sich, das Klima wandelte sich von Warmzeiten bis zu Phasen, in denen kilometerdicke Eispanzer die Erde überzogen. Eines aber blieb immer gleich, der Wechsel aus Licht und Dunkelheit. Auch wenn sich die Erdrotation im Laufe ihrer Lebenszeit verlangsamt, ist das Wechselspiel aus Tag und Nacht ein Muster, das die Erde prägt, seit sie sich dreht.

Die inneren Uhren der Lebewesen, die den Tag messen (der

zirkadianer Rhythmus), haben sich genauso nach diesem Muster ausgerichtet wie die biologischen Zyklen, die sich nach dem Mond (zirkalunar) oder dem Jahresverlauf richten (zirkannual).[6] Elektrisches künstliches Licht existiert seit gerade mal etwa 200 Jahren. Bestimmt gibt es eine Analogie, um den gigantischen zeitlichen Kontrast zwischen der Entstehung natürlicher Anpassungen an Licht und Dunkelheit und dem Aufkommen der Lichtverschmutzung zu verdeutlichen, aber sie fällt mir nicht ein. Ein Wimpernschlag ist noch eine Ewigkeit zu lang. Sagen wir einfach, die Zeit, die das Leben auf der Erde hatte, um sich an die neue Wirklichkeit zu gewöhnen, ist verdammt kurz.

Was passiert, wenn das natürliche Gleichgewicht durcheinandergerät, sieht man an einer Vielzahl von Lebewesen – von Pflanzen bis zu Tieren. Ähnlich wie die jungen Papageientaucher zieht es zum Beispiel auch frisch geschlüpfte Meeresschildkröten in den Ozean. Das Leben einer jungen Meeresschildkröte ist gefährlich. Statt Mutterliebe und Pflege erwartet Schildkrötenkinder zu Beginn ihres Lebens ein Spießrutenlauf ins Wasser. Auf dem Weg dorthin lauern so viele Feinde und Gefahren, dass es nur ein Bruchteil lebend ins Wasser schafft, und auch dort steht die Schildkröte ganz oben auf dem Speiseplan. Durch künstliches Licht ist das Leben der Jungtiere noch etwas gefährlicher geworden. In natürlichen Nächten ist die Meeresoberfläche heller als das Land, da sie das vorhandene Licht reflektiert. Das führt dazu, dass die kleinen Schildkröten statt in Richtung Meer nun vermehrt in Richtung beleuchteter Strandpromenaden und anderer Lichtquellen robben, ein meist tödlicher Fehler.[7]

Die wohl bekannteste Anziehungskraft von Licht auf Tiere hat sich sogar in unserer Sprache niedergeschlagen. »Wie die Motte zum Licht« sagen wir, wenn jemand von etwas oder jemandem unwiderstehlich angezogen wird. Der Spruch ist insofern korrekt, als tatsächlich besonders Insekten wie Nachtfalter von Lichtverschmutzung betroffen sind, er ist jedoch nicht konsequent zu Ende gedacht. Denn üblicherweise meinen wir damit nicht, dass beispielsweise der frisch Verliebte, dessen Gefühle damit aufs Korn genommen werden, seine Sehnsucht mit dem Leben bezahlen wird. Spätestens seit der in den Medien oft »Krefeld-Studie« genannten Publikation zum massiven Rückgang einheimischer Insekten ist das Thema Insektensterben auch in der öffentlichen Wahrnehmung angekommen. Wir verlieren Insekten in besorgniserregendem Ausmaß. Bei den Nachtfaltern sind laut Studien aus Großbritannien manche Arten um über siebzig, andere sogar schon über neunzig Prozent zurückgegangen,[8] einige sind bereits ausgestorben. Selbst wer sich nicht um Biodiversität und Natur an sich schert, sollte bei diesem Massensterben hellhörig werden, denn es geht dabei ja auch um die Relevanz von Insekten als Bestäuber in unserer Lebensmittelproduktion.

Natürlich haben Insekten auch ganz ohne direkten Nutzen für den Menschen ein Existenzrecht und sind ein wertvoller Teil des Ökosystems. Selbst Mücken, die wir oft nur als lästige Blutsauger kennen, sind beispielsweise überwiegend ohne blutige Absichten unterwegs und sind wiederum wichtiger Teil der Nahrungskette. Weniger Insekten bedeutet auch weniger Insektenfresser. Der Verlust von Lebensräumen und der Einsatz von Pestiziden stehen sicherlich ganz oben auf der Liste der Ursachen für das Insektensterben, doch auch Lichtverschmutzung tötet eine unglaubliche Zahl an Insekten. Geschätzte 150 Milliarden Nachtschwärmer werden allein in Deutschland jedes Jahr durch Licht getötet. Mehrere Tausend Nachtfalter können an einer einzigen Laterne in nur einer Nacht ums Leben kommen. In Lichtfallen-Experimenten lag der erschreckende Rekord bei der Anzahl angelockter Tiere bei 50 000 Exemplaren.[9, 10] Vom

Licht angezogen, fliegen die Tiere bis zur Erschöpfung um die Leuchtkörper herum oder werden zur leichten Beute von Räubern.[11, 12] Warum das Licht die Tiere so magisch anzieht, ist noch nicht vollständig geklärt, und es gibt viele Erklärungsansätze. Bei einigen Insekten wird beispielsweise vermutet, dass sie sich beim Fliegen normalerweise an Mond und Sternen orientieren, indem sie einen bestimmten Winkel einhalten und so geradeaus fliegen. Eigentlich eine gute Strategie, die aber darauf basiert, dass Mond und Sterne weit weg sind. Kommt ein vermeintlicher Mond nun plötzlich in greifbare Nähe, muss der Winkel ständig angepasst werden, und die Tiere kreisen um die Leuchte, die sich so als tödliche Falle entpuppt.

Auch vielen Vögeln werden die künstlichen Lichter zum Verhängnis. In Wisconsin kamen in einer einzigen Nacht 20 000 Vögel ums Leben, weil ein Fernsehturm mit einem Leuchtfeuer versehen wurde.[13] Nachtziehende Vögel können mit hohen Geschwindigkeiten unterwegs sein, mit bis zu 120 Kilometern pro Stunde durchfliegen sie die Nacht, und dadurch enden Kollisionen mit Bauwerken häufig tödlich für die Vögel. Die vielen Lichtreflektionen an Scheiben und Fassaden bringen zudem die Orientierung der Vögel gehörig durcheinander. Eine Studie, die die Zahlen für verschiedene Sendemasten in den USA und Kanada zusammenfasst, kommt auf über sechs Millionen tödliche Kollisionen pro Jahr.[14] Gebäudekollisionen können immer auftreten, sind aber besonders häufig, wenn dort künstliches Licht brennt.[15–17] Leuchttürme, Flutlichter, Skybeamer und viele weitere Lichter locken also Vögel in den Tod, wenn diese damit kollidieren oder bis zur Erschöpfung ihre Kreise um die Lichtquellen ziehen. Das künstliche Licht birgt aber noch weitere Gefahren, indem es den Sternenkompass der Vögel durcheinanderbringt. Wie wir im Kapitel Nachtlichter gesehen haben, dienen Sterne einigen Tieren als Richtungsgeber. Durch künstliches Licht von ihren Zugrouten abgelenkte Vögel können auf ihrer beschwerlichen Reise zu viel Zeit oder Energie verlieren, um es letztlich ans Ziel zu schaffen.[18]

So mancher Stadtvogel kommt durch die Beleuchtung durcheinander und singt so statt pünktlich zur traditionellen Zeit plötzlich mitten in der Nacht[19] oder kommt, wie bei der Blaumeise, wegen falsch eingeschätzter Tageslängen gar mit dem richtigen Zeitpunkt im Jahr für Paarung und Eiablage aus dem Takt.[20–23]

Fledermäuse gehören ebenfalls zu den Leidtragenden künstlich erleuchteter Nächte. Einige Fledermausarten scheinen recht tolerant gegenüber künstlichem Licht zu sein, einige wenige profitieren sogar davon, indem sie sich den anziehenden Effekt des Lichts auf Nachtfalter zunutze machen und diese gezielt im Schein von Straßenlaternen jagen.[24, 25] Leider gilt dies jedoch nicht für alle Fledermausarten, denn viele werden durch künstliches Licht erheblich gestört. Zu diesen lichtempfindlichen Arten gehören ausgerechnet diejenigen, die ohnehin schon selten und bedroht sind.[26]

Dass in den letzten Jahren vermehrt historische Gebäude wie Burgen oder Kirchen nachts angestrahlt werden, hat die Situation nicht gerade verbessert, dienen solche Gebäude doch häufig als Fledermausquartiere. So ist der Fledermausbestand bei beleuchteten Kirchen in Schweden um ein Fünftel zurückgegangen, während er an unbeleuchteten Kirchen stabil blieb.[27] Wie gravierend die Auswirkungen sind, verdeutlicht in traurig beeindruckender Weise das folgende Beispiel. Eine einzige Lichtquelle an einer zuvor unbeleuchteten Stelle in einem Dachstuhl kostete eine ganze Fledermauskolonie das Leben. Die Tiere schafften es schlicht nicht mehr, ihr Quartier zu verlassen.

Auch viele extrem lichtempfindliche Frosch- und Krötenarten werden von künstlichem Licht im wahrsten Sinne des

Wortes geblendet. Ihre empfindlichen Augen haben Schwierigkeiten, sich an die extremen Lichtverhältnisse in beleuchteten Gebieten zu gewöhnen, und so kann es nach dem Blick ins Licht eine Dreiviertelstunde dauern, bis die Augen sich wieder ans Dunkel gewöhnt haben.[28]

Neben diesen direkten Effekten von Licht wirkt das unnatürliche Leuchten in der Nacht auf weiteren Ebenen. Wenn Sie das nächste Mal im Herbst eine mit Bäumen bewachsene Straße entlanggehen, dann achten Sie doch mal auf Bäume, die in der Nähe von Straßenlaternen stehen. Dabei könnte Ihnen auffallen, dass mancherorts bereits der ganze Straßenzug überwiegend laubfrei ist, während einzelne Bäume im Lichtradius der Laternen noch dicht belaubt dastehen. Während sich ihre Kollegen also auf den Winter vorbereiten, kostbare Nährstoffe aus den Blättern ziehen und für den Austrieb im Frühling im Vorratskämmerchen einlagern, halten diese Bäume an ihren Blättern fest. Vom Licht der Laternen über die Tageslänge in die Irre geführt, leben sie quasi einige Wochen hinter der Zeit, in der Annahme noch eine Weile energiebringend Fotosynthese betreiben zu können. Aber *Winter is coming,* und so riskieren solche Bäume Frostschäden und verlieren wertvolle Nährstoffe. Die gleiche Problematik gibt es auch im Frühjahr, wenn Bäume zu früh austreiben und ihre jungen Triebe oder Blüten wiederum an den Frost verlieren.[29]

Nicht nur Pflanzen, auch viele Tiere bereiten sich auf den Winter vor, zum Beispiel indem sie immer dicker werden, da sie vorhaben, die kalte Jahreszeit schlafend zu verbringen und von den Reserven zu zehren. Eine beneidenswerte Strategie, wie ich finde. So kann künstliches Licht in der Nacht allerdings auch den Winterschlafzyklus von Tieren wie dem Feldhamster durcheinanderbringen. Sogar das Zusammenleben kann künstliches Licht beeinflussen, so zum Beispiel bei der Küstenmaus. Forscher fanden heraus, dass die Stimmung der Tiere von der Tageslänge abhängt. Hormonelle Reaktionen auf das Licht entschieden darüber, ob die Mäuse entspannt waren und Artgenossen freundlich grüßten oder diesen ohne Umschweife an die Gurgel gingen.[30]

Arten, die im Dunkeln jagen und sich an diesen Lebensraum angepasst haben, bekommen genauso Probleme durch Lichtverschmutzung wie diejenigen, die sich im Schutze der Nacht verbergen. Egal ob innere Uhren, saisonale Rhythmen, Orientierung, mondgetriebenes Verhalten, Räuber-Beute-Beziehungen, Partnersuche, Nahrungsnetze oder Fortpflanzung – Licht zur falschen Zeit stört das empfindliche Räderwerk der Natur und bringt über Jahrtausende bis Jahrmillionen entstandene Anpassungen aus dem Gleichgewicht. Letztlich sind alle Lebewesen in irgendeiner Form von der Dunkelheit abhängig. Wir sollten sie also unbedingt besser schützen![31]

Die Bedeutung der Dunkelheit

Die gute Nachricht ist, dass die Bekämpfung von Lichtverschmutzung im Gegensatz zu vielen ökologischen Krisen in der Welt relativ leicht zu bewerkstelligen wäre. Denn wir beleuchten unnötigerweise viel zu oft und intensiv. Man könnte zum Beispiel, ohne Einschränkungen der Sicherheit, einen Großteil der Straßenbeleuchtung massiv dimmen. Zudem ist Blendung im nächtlichen Straßenverkehr meist das Problem und nicht zu wenig Licht. Bis zu einem gewissen Grad bemerkt das menschliche Auge beim Dimmen nicht einmal den Unterschied, die tierischen Augen da draußen im Dunkeln jedoch schon. An vielen Stellen wird zudem nachts gar kein Licht benötigt, da sich dort zu der Zeit, außer besagten Tieren, niemand aufhält. Zeitweises Abschalten von Straßenlaternen im Siedlungsraum kann ebenso helfen wie ein Verbot lästiger Leuchtreklame. Wozu braucht es schon nachts um drei den Hinweis darauf, dass sich hier ein Supermarkt oder sonstiges Geschäft befindet, das ohnehin geschlossen und am Tag deutlich besser sichtbar ist als das Schild? Genauso wenig müssen Kaufhäuser oder Büros, in denen sich niemand aufhält, nachts beleuchtet werden. Wer will schon nach Feierabend von leer daliegenden, erleuchteten Schreibtischen daran erinnert werden, dass er am Morgen wieder zur Arbeit muss? Die erleuchteten Bürotürme Berlins erscheinen mir manchmal wie eine Art absurde Reminiszenz eines Lebensstils entgegen unseren eigentlichen Bedürfnissen. Besser einfach mal abschalten.

Auch die Art der Lichtquellen, die wir nutzen, spielt eine entscheidende Rolle. So sind wärmere Lichtfarben häufig weniger schädlich als kaltes Licht und für uns Menschen auch sehr viel angenehmer anzusehen. Zu guter Letzt bringen wir mit Kugelleuchten und anderen unsinnigen Konstruktionen einen Großteil des Lichts, das wir einsetzen, gar nicht dorthin, wo es gebraucht wird.

Wer beispielsweise einen Radweg entlangfährt, möchte sicherlich gerne den Boden vor sich erkennen können. Die meisten Leuchten strahlen aber einen Großteil ihres Lichts in den Nachthimmel und die Umgebung ab, wo es nicht nur keinen Nutzen bringt, sondern sogar Schaden anrichtet. Weniger Licht und das richtige Licht an weniger Orten zur richtigen Zeit. Das würde die Welt sicherer und schöner machen und ganz nebenbei der Natur und uns selbst einen großen Dienst erweisen.

Falls Sie sich fragen, was Sie selbst tun können, dann habe ich hier ein paar Vorschläge: Verzichten Sie auf unnötiges Licht auf dem Balkon und im Garten. Sie haben durchaus Einfluss, denn schon ein einziges Licht, das nicht brennt, kann Tausende Tiere retten. Ansonsten sprechen Sie mit anderen darüber, denen nicht bewusst ist, dass Licht der Natur schaden kann, oder setzen Sie sich in Ihrem Dorf oder Ihrer Stadt dafür ein, dass neue oder ausgetauschte Lichtquellen umweltfreundlich gestaltet werden. Eine insektenfreundliche Leuchte, die all das genannte berücksichtigt, wird aktuell in einem interdisziplinären Projekt unter Leitung Franz Hölkers am Leibniz-Institut für Gewässerökologie und Binnenfischerei entwickelt und soll schon bald in den ersten Kommunen eingesetzt werden. Für Lichtplanerinnen gibt es inzwischen auch einen guten Leitfaden zum Thema umweltgerechte Beleuchtung, den Sie in der Literatur zu diesem Kapitel finden – sollte Ihr zuständiger Politiker vor Ort ein wenig Nachhilfe von Ihnen benötigen.[32]

Sorgsamer mit Licht umzugehen würde nebenbei auch eine Menge Energie und Geld einsparen. Geschätzte ein bis zwei Milliarden Euro werden von der öffentlichen Hand allein in Europa jedes Jahr für überflüssige Beleuchtung ausgegeben. Private oder kommerzielle Lichter sind dabei noch gar nicht berücksichtigt.[33] Heute ist Licht so günstig, dass kaum jemand versucht, es sparsam zu verwenden; vielleicht führen die Ereignisse der jüngsten Vergangenheit dazu, dies zu verändern. Dass Licht Massenware ist, war, wie wir wissen, nicht immer so. Im Berlin der 1720er drohten beispielsweise für die mutwillige Zerstörung einer Straßenlaterne bis zu zehn Jahre Landesverweisung. Damit kam man noch glimpflich davon, für wiederholtes Zerstören der Beleuchtung konnte man in den Städten Wien und Graz seine Hand verlieren.[34, 35] Solch drakonische Maßnahmen wünscht sich sicherlich niemand zurück, dennoch sollten wir Licht wieder wie etwas Kostbares behandeln. Vielleicht würde es helfen, wenn wir uns bewusst machten, was wir mit all dem Geld für unsere Gesellschaft erreichen könnten, wenn wir es in

Umwelt oder Soziales investieren würden, anstatt es sinnlos in den Nachthimmel zu pusten.

Neben finanziellen Überlegungen dreht es sich meist um unsere Gesundheit und unseren Schlaf, wenn es um mögliche Auswirkungen von nächtlichem Licht auf den Menschen geht. Das viele Licht, dem wir nach Sonnenuntergang ausgesetzt sind, stört die Produktion von Hormonen wie Melatonin und lässt uns schlechter einschlafen und durchschlafen (auch Wildtiere schlafen übrigens bei Licht schlechter). Können wir uns nachts nicht angemessen erholen, verursacht das weit größere Probleme als Ringe unter den Augen oder Müdigkeit am Arbeitsplatz.

Es gibt eine große Zahl von Menschen, die die Nacht zum Tag machen, und das nicht zum Vergnügen. Egal ob Pflegekräfte, Taxifahrer, Kioskbetreiberinnen, Rettungssanitäter, Türsteher oder Polizeikräfte, viele Menschen arbeiten nachts. Schichtarbeit gehört oft zum Arbeitsalltag, und ohne Nachtarbeiter würde unsere Gesellschaft schlicht zusammenbrechen. Unter anderem durch Studien zur Gesundheit dieser Menschen wissen wir heute, dass ein Leben gegen den uns angeborenen Rhythmus und zu viel Licht in der Nacht ernsthafte Auswirkungen auf die Gesundheit haben können. Übergewicht, Prostata- und Brustkrebs, Stress, Depressionen, Tumorwachstum und Parkinson sind einige Beispiele für Bereiche, in denen sich Licht wahrscheinlich negativ auswirken kann.[36–41]

Über verlorene Sterne
und Gedanken

Gesundheit ist ohne Zweifel ein sehr wichtiges Thema, doch wir Menschen sind auch auf anderen, vielleicht weniger offenkundigen Ebenen vom Verlust der Nacht betroffen. Wie schon im Kapitel »Nächtliches Kulturgut« beschrieben, geht das, was die Nacht für uns bedeutet, weit über einen gesunden Schlaf hinaus. Wir sind biologische Wesen, doch wir sind auch kulturelle Geschöpfe. Über Jahrtausende verband uns etwas mit der Nacht, das uns nun durch die Entfremdung von der natürlichen Dunkelheit verloren geht.

Wie viele Sternbilder kennen Sie? Und können Sie diese auch am Himmel finden? Seit Menschen in die Sterne schauen, sehen sie dort vermutlich mehr als Lichtpunkte. Sie sehen menschliche Gestalten wie Jungfrauen, Fuhrmänner, Bildhauer und Zwillinge, mystische Wesen wie Drache, Einhorn, Phönix und Zentaur, Gegenstände und Werkzeuge wie Waage, Leier, Netz, Zirkel oder Schild. Dazu tummelt sich eine ganze Reihe von Tieren am Nachthimmel. Da schwimmen zu später Stunde Delfine, Wasserschlangen und Wale über das Firmament, Adler, Rabe, Kranich, Paradiesvogel und Taube schwingen sich in die Lüfte, während Wölfe, Luchse, Bären, Löwen, Hunde und Füchse Jagd machen auf Hasen, Eidechsen, Giraffen, Widder oder Fische. 88 Sternbilder haben wir im Laufe der Zeit beschrieben. Sie helfen dabei, den Himmel greifbar zu machen und sich anhand von Sternen zu orientieren.

Den größten Teil ihrer Geschichte richteten die Menschen den Blick nach oben zu den Sternen und zum silbrigen Band der Milchstraße. So nutzten sie die Sterne und den Mond früh für erste Zeitrechnungen und erstellten mit ihrer Hilfe Kalender, die dabei halfen, sich selbst im Verlauf des Jahres zu verorten.

Namen wie Sextant, Segel des Schiffs oder Schiffskompass verraten uns auch, wie wichtig Sternbilder zur Orientierung waren, vor allem auf hoher See. Mithilfe von Sternenkarten waren die Menschen in der Lage, unglaubliche Distanzen auf dem Meer zurückzulegen, lange bevor es technische Hilfsmittel dafür gab.

Heute sind Karten und Kalender für uns selbstverständlich, doch stellen Sie sich einmal vor, es gäbe keine Information über den aktuellen Tag oder Monat. Ein mächtiges Wesen, sagen wir mal das fliegende Spaghettimonster, würde Sie kurzerhand packen und dann zu irgendeiner Zeit an irgendeinem Ort aussetzen. Hätten Sie eine Ahnung, wo Sie sich befinden und vor allem, wann?

Die Sterne könnten Ihnen auf beides eine Antwort geben – wenn Sie sie deuten könnten.

Natürlich war auch früher nicht jeder Mensch ein Sternenkundiger. Was Sterne tatsächlich sind, wussten die Menschen damals nicht, wir schon. Trotzdem gab es eine größere Vertrautheit mit dem Nachthimmel, da er viel präsenter im Leben der Menschen war und viele Informationen, die er bot, schlicht nur dort zu bekommen waren.

Wir verlieren mit der Nacht also auch altes Wissen, das über Jahrtausende in der Zivilisation weitergegeben wurde. Darüber hinaus kommt uns ein wundervolles Kunstwerk am Himmel abhanden, denn während man ohne Kunstlicht mehrere Tausend Sterne sehen kann, sehen wir in besiedelten Gebieten meist nur noch ein paar Dutzend bis wenige Hundert. Florian Freistetter, Astronom und Autor, beschrieb dies so: »Lichtverschmutzung ist nicht nur eine enorme Energie- und Geldverschwendung, sondern vor allem ein kultureller Verlust für die gesamte Menschheit. Und das Schlimmste daran: Die meisten wissen gar nicht, was wir verloren haben.«[42]

Und die Nacht reicht noch tiefer. »Mein Denken ist ein

Strom unter der Erde. Woher kommt er und wohin geht sein Lauf? Wer weiß? Nachts, wenn ich seiner innewerde, dann steigt aus ihm ein Rauschen auf«, schrieb der portugiesische Dichter Fernando Pessoa, und ähnlich formulierte es der Physiker James Clerk Maxwell: »In uns gibt es Mächte und Gedanken, die wir nicht kennen, bis sie auftauchen, mitten im Strom bewusster Handlung, von dorther, wo das Selbst im Verborgenen liegt. Wenn aber Gedanken, die kommen und gehen, Wille und Vernunft schweigen lassen, dann können wir den geheimen Tiefen die Felsen und Wirbel aufspüren.«[43] Diese beiden Texte deuten auf einen weiteren spannenden Aspekt der Nacht hin, dem wir bei der Spurensuche nach ihrer Bedeutung ein wenig Aufmerksamkeit schenken sollten: Gibt es einen Geruch, der Sie an Ihre Großeltern erinnert oder an die Weihnachtsabende ihrer Kindheit? Wenn wir träumen, Déjà-vus erleben oder eben ein ganz bestimmter Geruch oder ein Geräusch plötzlich Gefühle und Erinnerungen auslösen, sind das Momente, in denen uns manchmal bewusst wird, dass unter unserem Bewusstsein noch etwas anderes, Unbewusstes schlummert. Der größere, mächtigere Teil unseres Wesens, den wir irgendwie nicht greifen können. Mich erinnert zum Beispiel der Geruch von frisch gemähtem Gras immer an die Sommer meiner Kindheit, an Streuobstwiesen und den Odenwald.

Kinderlachen, ein leichter Hauch von Chlor in der Luft und der Geruch von Pommes, und ich bin sofort wieder im Schwimmbad auf meinem Handtuch. Meine Lippen sind schon ganz blau vom langen Planschen, und während die Wassertropfen auf meiner Haut von der Sonne getrocknet werden, überkommt mich eine wohlige Schläfrigkeit. Diese Assoziationen und Eindrücke sind wie eingeprägt in mein Unterbewusstes. Dieser mysteriöse Ort, an den all die Gedanken und Erinnerungen gehen, die uns entgleiten.

Niemand weiß genau, wie viel von dem, was uns ausmacht, dort passiert. Ebenso wie Dinge ins Unbewusste verschwinden können, können sie auch daraus auftauchen. Als wären die Gedanken wie in Pessoas Gedicht ein Fluss, der tief in uns fließt und den wir meist nicht bewusst erleben. Nachts wird er sich dessen bewusst, und so können daraus Gedanken aufsteigen. In unserer modernen, durchgetakteten Welt unterschätzen wir die Bedeutung dieser Ruhephasen, dieser Fenster in die anderen Bereiche unserer Psyche. Tagsüber rotieren wir, arbeiten wir, funktionieren wir. Aber Neues, Kreatives und Ungedachtes kommt oft erst aus der Stille und dem Innehalten. Die Nacht ist es häufig, die uns den Raum für dieses Innehalten gibt.

Wir sagen »darüber muss ich einmal schlafen« und meinen damit, dass wir uns Zeit und Ruhe geben müssen. Wenn wir uns etwas vorstellen wollen, schließen wir die Augen, weil uns die Dunkelheit hilft, Dinge vor unserem »inneren Auge« zu visualisieren. Viele Künstler und Kreative sind Nachteulen oder haben einen Block und einen Stift auf dem Nachttisch liegen, um nächtliche Eingebungen festzuhalten, und selbst auf wissenschaftlichen Konferenzen entstehen die besten Forschungsideen oft am Abend, wenn die letzten wachen Kollegen bei einem Glas Wein ihren Gedanken freien Lauf lassen.

So manche Erkenntnis in der Geschichte der Wissenschaft verdanken wir dem nächtlichen Innehalten. Die Entdeckung der Ringstruktur bestimmter Kohlenwasserstoffe in der Chemie; das Prinzip, dass sich Arten durch Umweltzwänge verändern müssen in der Biologie, sowie die Bestimmung der Materialstrukturen für die Entwicklung von Supraleitern in der Physik – bei all diesen naturwissenschaftlichen Meilensteinen hat das Nachsinnen in Form von Träumen eine bedeutende Rolle gespielt, wie Ernst Peter Fischer es in seinem Buch *Durch die Nacht* beschreibt.[44] Beim Erlangen von neuen Erkenntnissen und Einsichten geht es oft eben nicht darum, neue Erfahrungen zu machen, sondern vielmehr die unzähligen bereits vorhandenen Erfahrungen und Gedanken neu zu sortieren und zu bewerten oder aus einer anderen Perspektive zu betrachten.[45, 46]

Das Innehalten – heute würden wir vielleicht Abschalten sagen oder »Entschleunigung« – ist wichtig für uns Menschen. Das gilt nicht nur für die großen Entdecker und Erfinderinnen und auch nicht nur für die Kreativen. Wir alle werden überflutet von Eindrücken, für deren Verarbeitung wir häufig nicht genügend Raum finden. Schenken wir also doch der Nacht wieder mehr Raum und damit auch uns selbst.

Ich persönlich habe mir mühsam abgewöhnt, zum Einschlafen Videos anzuschauen, eine Angewohnheit, die sich über die Zeit »dank« Smartphone eingeschlichen und hartnäckig gehalten hatte. Für andere sind es vielleicht der Fernseher, die Arbeitsmails, die sozialen Medien oder andere Dinge, mit denen sie ihren Geist noch vor dem Schlafen überfluten. Anfangs fiel es mir schwer, mich von dem Drang, etwas auf mich einrieseln zu lassen, zu lösen. Inzwischen liebe ich die Ruhe und die Dunkelheit. An warmen Tagen, in luftiger Kleidung ist es ebenso schön wie bei Kälte, warm eingepackt zur Dämmerung noch einmal einen kleinen Spaziergang zu machen und ganz in der Beobachtung der Natur zu versinken. Das muss nicht einmal die große Wildnis sein, auch ein schöner Garten in der Nachbarschaft, ein kleiner Park, ein alter Straßenbaum oder ein Schwarm Zugvögel am Himmel können besinnlich sein. Manchmal sitze ich einfach nur am offenen Fenster und schaue zu, wie der Nachthimmel langsam die Welt umfängt, und an Regentagen lausche ich dem Klopfen der Regentropfen auf den Fensterscheiben. Wie sehr die reizarme Nacht den Gedankenfluss anstößt, merke ich immer wieder, wenn ich abends noch wach liege und den Tag verarbeite, denn viele meiner Ideen für die kreative Seite meines Lebens entstehen in der Nacht.

Die nächtlichen Erfindungen, Gemälde, Texte und andere Schöpfungen zeigen deutlich, dass wir die Dunkelheit brauchen, um zur Ruhe zu kommen. Nicht nur um Körper und Geist Erholung zu geben, sondern auch, um unser Potenzial auszuschöpfen. Versagen wir uns diese Möglichkeit, wie viele Ideen werden dann wohl nie erdacht?

Das Wissen rund um die Sterne und die kreative Kraft des ruhenden Geistes sind nur zwei Aspekte, die wir in der Diskussion um die Bedeutung der Dunkelheit vielleicht nicht auf dem Schirm haben. Wer weiß, was uns durch den Verlust der Nacht noch alles verloren geht? Wir stehen ja gerade erst am Anfang herauszufinden, was die Nacht für uns bedeutet.

Ohne den Rhythmus aus Tag und Nacht sähe das komplexe Leben auf der Erde mit Sicherheit völlig anders aus, wenn es denn überhaupt entstanden wäre. Die Spuren der Dunkelheit finden sich im Erbgut der Lebewesen wieder, wenn diese zum Beispiel reflektierende Netzhäute oder leuchtende Hintern entwickeln. Andere Errungenschaften lassen sich nicht so leicht zurückverfolgen, und doch tragen auch sie möglicherweise eine Portion Dunkelheit im stammesgeschichtlichen Gepäck, so wie unsere Sprache.

Wenn Sie diese Zeilen lesen, hören Sie dann die Worte auch in Ihrem Kopf? Sprache ist für uns Menschen essenziell, sie bestimmt unsere Kommunikation, unser Denken und sogar unsere Wahrnehmung der Welt. Die Entwicklung der Sprache ist dabei eng mit der Entwicklung der Stimme verknüpft, oder einfacher gesagt, der Fähigkeit, Töne zu erzeugen.[47]

Wir sind beileibe nicht die ersten Organismen, die auf die Idee kamen, sich mithilfe von Lauten zu verständigen. Akustische Kommunikation ist im Tierreich weit verbreitet, nicht alle

Tiere kommunizieren aber mit Lauten, und es gab eine Zeit, da war die Welt stumm.

Die Wurzeln des gesprochenen Wortes, beziehungsweise des getröteten, gequiekten, gekrächzten und gequakten Wortes, liegen möglicherweise in der Dunkelheit. Denn in einer Welt, in der optische Signale wenig bringen, eröffnet Klang eine ganz eigene Kommunikationsebene.

Um der Frage nach dem Ursprung der Lautkommunikation bei Wirbeltieren nachzugehen, sammelten Forscher Informationen über den evolutionären Stammbaum von circa 1800 Arten. Sie erfassten außerdem, ob die jeweilige Art tag- oder nachtaktiv ist und ob sie über die Fähigkeit verfügt, mit Lauten zu kommunizieren. Die Ergebnisse der statischen Modelle (phylogenetische logistische Regressionen, für alle, die es genauer wissen wollen) zeigten einen deutlichen Zusammenhang mit der Aktivitätszeit. Nachtaktive Arten entwickelten also stammesgeschichtlich häufiger eine Form der Lautsprache als solche, die überwiegend tagsüber lebten. Dabei ist die Fähigkeit, mit Tönen zu sprechen, im Laufe der Evolution gleich mehrfach entstanden und erwies sich als erstaunlich stabil. Das heißt, war die Fähigkeit einmal in der Welt, ging sie sehr selten wieder verloren, was sonst in der Evolution durchaus häufiger vorkommt. Für manche Artengruppen besteht sie schon seit einhundert bis zweihundert Millionen Jahren fort.

Möglicherweise verdanken wir der Nacht neben erholsamem Schlaf und so manchem kreativen Gedanken also sogar unsere Fähigkeit zu sprechen.[48, 49] Wenn es gilt, den Verlust der Nacht zu verhindern, mag das viel essenzieller sein, als es zunächst scheint. Die Dunkelheit ist Teil unserer Stammesgeschichte und unserer kulturellen Evolution. Auch wenn wir tagaktive Wesen sind, gehören die Nacht und der Rhythmus, den sie mit sich bringt, unweigerlich zum Menschsein. Zu guter

Letzt brauchen wir die Dunkelheit, weil die Natur sie braucht und wir ein Teil von ihr sind.

Es wird Zeit, dass wir dem Verlust der Nacht mehr Aufmerksamkeit schenken. Dafür müssen mehr Menschen erfahren, wie verletzlich die Dunkelheit ist und mit ihr das Leben, das sie hervorgebracht hat. Ich persönlich hoffe, dass es hilft, den Menschen die Schönheit der Nacht wieder näher zu bringen. Vielleicht erkennen sie dann, wie schützenswert sie ist. Während ich eine Hommage an die Nacht geschrieben habe, die Sie gerade in Händen halten, haben sich viele weitere dem Schutz der Nacht verschrieben.

Die »International Dark Sky Association« oder weniger dramatisch IDA versteht sich als eine Vereinigung zum Schutz der natürlichen Nacht. Auf ihrer Seite finden Sie allerlei Informationen zum Thema Lichtverschmutzung, aber auch Tipps, wo Sie am besten Sterne gucken können. Denn ähnlich dem Konzept der Nationalparks, zeichnet die IDA besonders dunkle Gebiete mit dem Titel des Sternenparks aus. Vier dieser offiziellen Sternenparks gibt es bereits in Deutschland, und ich kann Ihnen einen Besuch nur ans Herz legen.

Dunkelheit können wir letztlich an vielen Orten finden und mit ihr die Geschöpfe, die darin leben. Ob es der Igel im nächtlichen Garten ist, die Fledermaus über unseren Köpfen oder die Geräusche des nächtlichen Waldes. Die Autorin Marsha Diane Arnold schrieb die schönen Zeilen: »Wo ist die Dunkelheit? Dort wo es Nacht ist, wo Kojoten heulen, Eulen jagen und Vögel über Kontinente fliegen, wo Füchse lautlos schleichen und Käfer ihre Geheimnisse lüften.«[50]

FUN FACT
VON SCHLÄFRIGEN KÜHEN
ZU ENTSPANNTEN MÄUSEN

Ein Glas Milch vor dem Zubettgehen, das kennen vielleicht einige von Ihnen aus der Kindheit. Ob die Gute-Nacht-Milch tatsächlich schlaffördernd ist, könnte davon abhängen, *wann* sie produziert wurde. Wenn Kühe nachts Milch geben, enthält diese nämlich nachweislich eine höhere Konzentration der Stoffe Tryptophan und Melatonin,[51] die eine wichtige Rolle für das Schlafverhalten spielen. Der Effekt auf den Menschen ist zwar noch nicht hinreichend erforscht, in Studien an Mäusen konnten jedoch schon erstaunliche Effekte gezeigt werden. Dort hatte die Nachtmilch eine ähnlich beruhigende Wirkung auf die Tiere wie die Gabe von Diazepam (dem Beruhigungsmittel, vielen besser bekannt als Valium).[52]

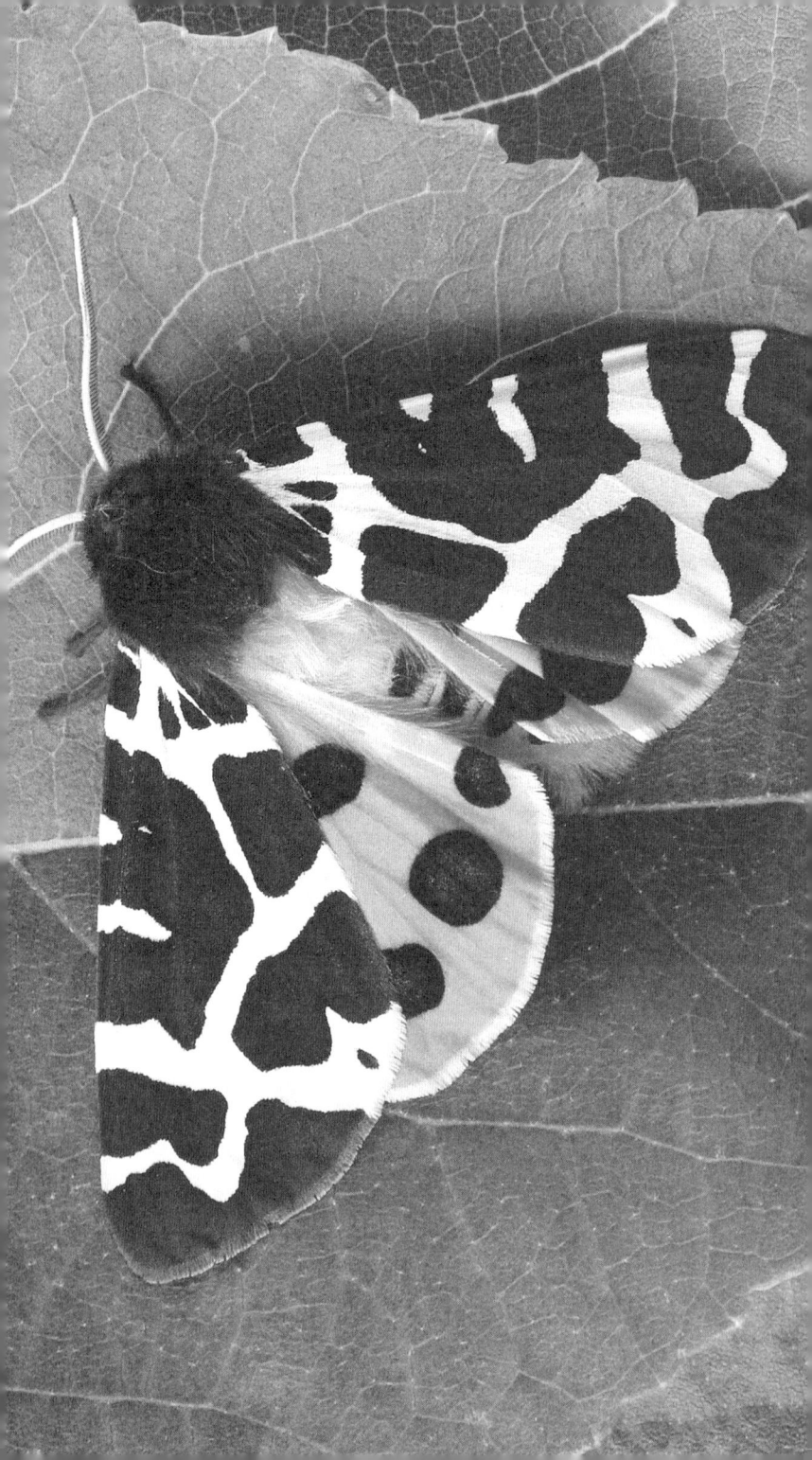

BEWOHNER DER NACHT – NACHTFALTER

Brauner Bär und Kupferglucke – die Welt der Nachtschwärmer

Wie wir im Kapitel »Die dunkle Seite des Lichts« gesehen haben, ist wohl keine andere Gruppe im Tierreich so sehr von Licht in der Nacht betroffen wie die Insekten, unter ihnen ganz besonders die Nachtfalter. Vielen Menschen fällt es leider schwer, für diese Tiere Empathie zu empfinden, manchmal vielleicht aus Unwissenheit, manchmal aus Ekel. Motte gleich Schädling, das ist eine weit verbreitete Assoziation, denn wir kennen vor allem die unbeliebten Vertreter der Motten. Wer freut sich schon, wenn sich Lebensmittelmotten im Mehl eingenistet oder Kleidermotten Löcher in das Lieblingsshirt gefressen haben.

Auch die Rosskastanienminiermotte, die sich seit den 1990er-Jahren massiv in Europa ausgebreitet hat, ist nicht gerade beliebt. Macht sie doch unserer Rosskastanie extrem zu schaffen. Die Kastanie vor meinem Wohnzimmerfenster sah dieses Jahr schon im Frühsommer so aus, als wäre es Herbst. Kaum ein Blatt, das nicht braun und schrumpelig war. Zu den Motten gehören einige für den Menschen bedeutende Schädlinge, keine Frage, aber die Motten deswegen gleich im Ganzen als schmucklose Schädlinge abzutun wird ihnen nicht gerecht. Motten sind letztlich auch nur eine der vielen Familien der Schmetterlinge mit etwa achtzig einheimischen Arten[1] und über zweitausend Arten weltweit.[2]

Viele sind klein, braun und unscheinbar – was sie natürlich nicht weniger wertvoll macht. Einige sind jedoch auch in den verrücktesten Mustern gezeichnet. Von Nahem betrachtet sind sie eigentlich alle wunderschön mit ihren dichten Pelzen und kunstvollen Fühlern.

Neben den echten Motten gibt es noch zahlreiche weitere Schmetterlingsgruppen wie Bärenspinner oder Eulenfalter. Was genau ist eine Motte, was ein Spinner, ein Schwärmer, ein Schmetterling oder Falter? Die Begrifflichkeiten sind einigermaßen verwirrend. Manchmal sprechen wir synonym für alle Falter der Nacht von Motten. Wie welche Arten miteinander verwandt und welcher Gruppe sie zuzuordnen sind, ist auch für Biologinnen keine abgeschlossene Frage. Wir haben noch lange nicht die immense Vielfalt dieser Tiere erfasst. Für uns und dieses Buch reicht es völlig, wenn wir eines festhalten: All die Falter, die durch Dämmerung und Nachtluft flattern, sind ebenso Schmetterlinge, wie es ihre häufig bunteren Pendants am Tage sind. Schmetterlinge der Nacht klingt poetisch, ist aber auch umständlich – nennen wir sie also Nachtfalter.

Verborgene Schönheit

Beim Lesen über Schmetterlinge stolpere ich über einen Artikel mit dem Titel »Die 15 beliebtesten heimischen Schmetterlingsarten«. Es ist kein einziger nachtaktiver dabei.

Schade, aber nicht überraschend. Erinnern Sie sich an unser kleines Experiment zu den Namen der Nachtfalter? Einen Vorwurf möchte ich uns Menschen an dieser Stelle nicht machen, vielmehr meine Freude über die Chance, die sich hier auftut, mit Ihnen teilen! Denn auch wenn manche keine eigenen Namen tragen, sind unsere Nachtfalter einen zweiten Blick und auch eine Erzählung wert. Außerdem sind um die 95 Prozent unserer über 3500 Schmetterlingsarten in Deutschland nachtaktiv.

Viele sind wunderschöne, fast ätherische Wesen. Manche schneeweiß, andere trotz der sie umgebenden Dunkelheit farbenfroh. Und wenn wir ihnen doch Namen geben, dann klingen sie mal poetisch wie beim Mondvogel, mal niedlich wie beim Schönbär und gelegentlich skurril, wie bei der Gammaeule.

Schauen wir uns in der Welt der Nachtfalter genauer um. Kennen Sie zum Beispiel den Breitflügeligen Fleckleibbär? Dieser heimische, zarte Falter hat etwas von einer Grande Dame aus früheren Zeiten. Kopf und Vorderleib sind in einen feinen, dichten, schneeweißen Pelz gekleidet. Die Flügel erscheinen wie ein edler heller Mantel, übersät mit zahlreichen schwarzen Pünktchen. Unter den weißen Flügeln versteckt sich ein in schwarz-gelben Warnfarben gehaltener Körper, die zur Abschreckung von Feinden dienen. Dies ist keine leere Drohung, denn die Falter sind giftig und dadurch vor hungrigen Vogelschnäbeln geschützt. Zur gleichen Familie wie das wunderschöne Wesen in Stracciatella-Optik gehört auch *Hypercompe scribonia*, im Englischen *Giant Leopard Moth*, also Riesen-Leopardenmotte genannt. Der Name ist passend gewählt, denn die weißen Flügel tragen eine ganze Reihe von geschlossenen, schwarzen Ringen. Auch dieser in Amerika vorkommende Falter versteckt unter dem schwarz-weißen Look eine gehörige Portion Farbe. Auf dem in knalligem Orange gefärbten Hinterleib leuchten schillernde blaue, schwarz gesäumte Streifen. Andere farbenfrohe, spannende Exoten sind zum Beispiel *Eumorpha labruscae*, ein wunderschöner Falter, der in Bolivien, Paraguay und Argentinien vorkommt, oder der in Nordafrika und Südostasien beheimatete Oleanderschwärmer. Eine besonders auffällige Gestalt ist der vorwiegend in Asien vorkommende Mondspinner. Der riesige Falter ist grasgrün und wie ein Segeldrachen geformt. Bis zu 16 Zentimeter spannen sich die Flügel auf, die auf jedem Flügelpaar zwei pinke, gelb und schwarz umrandete Augenflecken tragen. Die Vorderflügel werden zum oberen Rand hin wie von einer pinken und einer schwarzen Bordüre gesäumt, die Hinterflügel laufen wie Schwalbenflügel anmutend lang und geschwungen aus.

Auch direkt vor unserer Tür finden sich sehenswerte Falter. Sehenswert heißt allerdings nicht unbedingt leicht zu entdecken. Im Gegensatz zu den tagaktiven Faltern sind die Schmetterlinge der Nacht häufig besonders gut getarnt. Ihre Flügel ahmen die Muster verschiedener Baumrinden und die Farben von Sträuchern und Blattwerk nach. Kein Wunder, denn wer in der Nacht fliegt, muss am Tag ruhen. Während sich Falter auf einem Baumstamm oder Blatt sitzend vom nächtlichen Stress erholen, sind im Licht des Tages jedoch unzählige hungrige Vögel unterwegs. Ein schlafendes Tagpfauenauge würde jetzt beispielsweise auffallen wie ein bunter Hund. Wehrlos und auffällig – keine gute Überlebensstrategie. Nicht aufzufallen ist für Nachtfalter also überlebenswichtig.

Der Perlglanzspanner, auch Silberblatt genannt, verschmilzt mit seinen silbrig-smaragdgrünen zarten Flügeln mit seinem Hintergrund. Besonders gut getarnt ist auch die Kupferglucke, ein Falter, der tut, als wäre er ein welkes Laubblatt. Ein Laubblatt, das bei genauem Hinsehen eine kleine igelartige Schnauze hat. Trotzdem, die Tarnung wirkt verblüffend echt. Kupferbrauner Pelz bedeckt die zarten Flügel, deren Rand gewellt ist wie das Blatt einer Eiche, die Äderchen der Flügel könnten ebenso das Adernetz eines Blattes sein. Neben dem Blätterdesign tragen die Tiere auch selbst zur eigenen Tarnung bei. Wenn sie sitzen und ruhen, schieben sie ihre Hinterflügel unter den Vorderflügeln hervor und klappen sie, wie ein Hausdach, nach oben angewinkelt zusammen. So verschwindet ihr ganzer Hinterleib unter den tarnenden Flügeln. Selbst die Eier des Falters sind ungewöhnlich. Wie kleine Sahnebonbons ziehen sich abwechselnd braune und cremefarbene Ringe um die wie winzige Vogeleier geformten Gebilde. Dass man die skurrilen Wesen nur so selten sieht, liegt nicht nur an ihrer guten Tarnung. Sie leben an den Rändern von Mooren, in Auwäldern, lieben wilde Hecken, Streuobstwiesen und Trockenrasen. Alle diese wundervollen und artenreichen Landschaften verschwinden aber seit Jahrzehnten aus unserer Natur und mit ihnen auch die Kupferglucke.[3]

Mit seiner Umgebung zu verschmelzen ist eine erfolgreiche Überlebensstrategie im Tierreich. Nachtfalter haben aber noch mehr in petto als Farbspiele und den gekonnten Flügeleinsatz als Tarnumhang. So praktisch es auch ist, wenn ein hungriger Vogel an einem gut getarnten, ruhenden Falter vorbeifliegt, so ist dieser doch auch in der Nacht so mancher Gefahr ausgesetzt. Das beste Tarnkleid ist nutzlos, wenn der Jäger nicht die Augen, sondern die Ohren nutzt, um seine Beute aufzuspüren.

Hier kommt eine weitere ausgeklügelte Tarnstrategie ins Spiel. Manche Falter, wie die Kohlbaumkaisermotte, scheinen über geräuschabsorbierende Flügel zu verfügen. Sie fungieren wie eine Art Tarnumhang für Töne. Durch die Beschallung der Flügel mit Fledermausrufen haben Forscher herausgefunden, dass diese Töne mit der Frequenz der Ortungsrufe von Fledermäusen besonders gut absorbieren.[4, 5] Die feine Nanostruktur der Flügelbelage schluckt den Schall teilweise, anstatt ihn in Richtung Fledermaus zurückzuwerfen.[6] Die Fledermäuse können die Falter also schlechter hören.

Sollten wir es eines Tages schaffen, diese Technik für den menschlichen Hörbereich zu kopieren, dann wären die Schallschutzwände von morgen nur noch wenige Millimeter dick.[7]

Auch wenn sich viele Nachtfalter besonders gut tarnen müssen, haben es einige Arten im evolutionären Spiel von Versuch und Irrtum trotzdem geschafft, Farbe ins Dunkel zu bringen. Viele Falter, die braun oder grau erscheinen, sind das nur für unsere Augen. Forscher fotografierten die Flügel von 28 Falterarten mit speziellen Kameras, um für uns sonst unsichtbare Wellenlängen aufzunehmen. Es zeigte sich, dass viele der Falter im Infrarotbereich in allerlei bunten Farben schillern. Die zarten Flügel wirken, als wären sie mit Perlmutt beschichtet.[8]

Doch auch für unser Auge hat die Ästhetik der Nachtfalter einiges zu bieten. Die samtigen Flügel des Nachtkerzenschwärmers sehen aus wie ein Gemälde in Grün aller Schattierungen, mit einer breiten, dunkelgrünen Bänderung. Auffällig ist auch seine Form, denn der Falter erinnert an einen Düsenjäger. Die Ränder der Flügel sind besonders an den Enden stark eingekerbt. Klappt er die schönen grünen Vorderflügel hoch, enthüllt er schwarz gerahmte, intensive goldgelb gefärbte Hinterflügel. Ebenfalls gut verborgen unter dem vorderen Flügelpaar sind die leuchtenden Augenflecke auf den Hinterflügeln des Abendpfauenauges. Unter den braunen Flügelpaaren des Ligusterschwärmers versteckt sich ein Körper im punkigen Zebra-Look. Der Hinterleib ist abwechselnd schwarz und pink gestreift. Pink findet sich auch beim kleinen und mittleren Weinschwärmer oder vielmehr Schweinchen-Rosa. Der Look des Falters mit seiner sich beißenden Kombination aus Braun, Rosa und Grün hat etwas von einer trashigen Bad-taste-Kostümierung. Wie ein bunter Harlekin sieht der Braune Bär aus. Seine Vorderflügel sind weiß-braun gescheckt, darunter verstecken sich orangene Flügel mit blau schillernden Flecken. Manchmal lassen übrigens schon die Raupen erahnen, welche Farben ihr späterer Imago – die Falter-Form eines Schmetterlings – trägt. Auch die Raupe des Braunen Bären trägt schon orangene Farben. Besonders witzig sieht seine Puppenhülle aus – wie eine haarige

Raupe, die versucht hat, sich in ein zu kleines Latexkostüm zu quetschen.

Die knalligen Farben, Streifen und bunten Augenflecke auf den Flügeln der Falter dienen im Übrigen ebenfalls der Feindabwehr. In diesem Falle setzen die Falter anstelle von Tarnung auf den Effekt der Abschreckung. Die Augen simulieren größere gefährlichere Tiere. Eine effektive Strategie, um die Überlebenschancen bei einer Begegnung mit einem Singvogel zu erhöhen.

Manche Falter wehren sich auch aktiv gegen Fledermäuse, indem sie selbst laute Klickgeräusche im Ultraschallbereich ausstoßen, können sie sogar das Sonar der jagenden Fledermäuse stören.[9]

Die Formen und Farben der Nachtfalter sind also vielfältig, und es lohnt sich, einen zweiten Blick auf diese unterschätzten Vertreter unserer Schmetterlinge zu werfen. Vor einiger Zeit hatte ich das Glück, die versteckten Farben eines Nachtfalters von Nahem bewundern zu können: Als ich an einem Sommerabend gemeinsam mit Kollegen die Räume des Forschungsinstituts verließ, fiel mir beim Hinuntergehen der Treppe ein großer Falter an der Wand des Foyers auf. Das schlichte Graubraun wäre mir sicherlich nicht aufgefallen, wäre der Falter nicht so groß gewesen. Etwa acht Zentimeter maß seine Flügelspanne. Während ich noch gespannt schaute, holte meine Kollegin und Freundin Sarah bereits ein Glas aus der nahegelegenen Küche. Problemlos ließ sich der große Nachtfalter einsammeln. Als wir ihn vor dem Gebäude im Glas betrachteten, wurde er unruhig und begann, mit den Flügeln zu schlagen. Dabei entblößte er die leuchtend roten Bänder seiner Hinterflügel und entpuppte sich als *Catocala nupta*, das Rote Ordensband. Ein beeindruckender Kontrast zu seinem getarnten Ich. Kaum zu glauben, dass wir einen acht Zentimeter großen Schmetterling mit karminroten

Flügeln vor unserer Türe hatten und ich Mitte dreißig werden musste, um ihn zum ersten Mal von Nahem zu sehen. Was für ein schönes Geschenk zum Feierabend.

Wenn man sich mit wachen Augen umsieht, findet man die Falter gelegentlich, doch es ist nicht einfach, und so bleibt ihre Welt meist im Verborgenen. Selbst Schmetterlingsexperten müssen gelegentlich auf Tricks zurückgreifen, um die Nachtfalter zu finden. Sie kochen beispielsweise ein Mus aus Apfel und Birne, das mit Honig, Hefe und etwas Obstschnaps versetzt auf Bäume gestrichen wird. Nachts suchen sie dann die beköderten Bäume nach Mus schlürfenden Faltern ab.

Ob wir sie sehen oder sie sich unserem Blick entziehen, noch gibt es sie um uns herum – die Schmetterlinge der Nacht.

Sinnliches

Wie Nachtfalter die Welt wahrnehmen, können wir nur erahnen. Offenbar spielt Licht in ihrem Leben durchaus eine große Rolle. Wie wir gesehen haben, können manche von ihnen auch in der Nacht Farben sehen, und was uns braun oder grau erscheint, wirkt im rechten Licht bunt. Je nach Blickwinkel auf die irisierenden Farben der Flügel, können so Muster wie Punkte sichtbar werden oder wieder verschwinden.[10] Vermutlich gibt es eine enorme Vielfalt an optischen Signalen, die wir noch nicht entdeckt haben.

Auch ihre anderen Sinne haben sich an die Dunkelheit angepasst, und so verfügen viele Falter über ein feines Gehör. Wenn man ganz oben auf der Speisekarte eines Jägers steht, der seine Beute mit Tönen ortet, ist es definitiv hilfreich, diese Töne hören zu können. Dass dies möglich sein könnte, hatte man den Faltern jedoch lange nicht zugetraut, da ihre Hörorgane aus einem winzigen Trommelfell und nur wenigen Neuronen zu den einfachsten im ganzen Tierreich gehören. Schon in den 1950er-Jahren wusste man, dass Nachtfalter im Ultraschallbereich hören können.[11-13] Man hatte jedoch angenommen, diese Fähigkeit sei auf den niedrigeren Frequenzbereich der Fledermäuse beschränkt.

Ein Nachtfalter mit dem Namen *Noctua pronuba* erbrachte den Gegenbeweis. Sein Trommelfell reagierte auf ihm vorgespielte Fledermausrufe, und zwar auch auf die hohen Frequenzen, die Fledermäuse in den letzten Sekunden vor dem Zuschnappen ausstoßen[14] und von denen man annahm, sie seien für die Falter nicht hörbar.[15] Dafür muss das Falterohr auf einen Trick zurückgreifen. Unter normalen Bedingungen liegen die hohen Töne tatsächlich außerhalb seiner Wahrnehmung, ab einer bestimmten Lautstärke passt sich das Ohr jedoch an und wird empfänglich für diese Töne. Der Falter spitzt also die Ohren. Ab einer bestimmten Lautstärke heißt in diesem Zusammenhang, dass die Fledermaus bereits ziemlich nah herangekommen ist, und es höchste Zeit wird, das Weite zu suchen. Dann versucht der Nachtfalter im Zickzack dem Räuber zu entkommen. Wenn es knapp wird, lassen sich die Falter auch einfach mal fallen.

Das Gehör der Insekten scheint an die vor Ort lebenden Fledermausarten angepasst zu sein, wie vergleichende Studien in Kanada, den USA und Dänemark zeigen.[16] Gab es mehr Tenöre unter den Fledermausarten, war auch das Gehör der Motten besser für diese Töne ausgestattet. Die Ohren der Falter können übrigens an ungewöhnlichen Stellen sitzen. So entdeckte man bei einer tropischen Schmetterlingsfamilie Ohren auf den Flügeln, die sich beim Flattern mitbewegen.

Nachtfalter können Ultraschalllaute nicht nur hören, sie

können sie auch selbst erzeugen. Im Gegensatz zu den Fledermäusen brauchen sie diese Fähigkeit nicht zum Jagen, sondern um sich davor zu schützen, zum Gejagten zu werden. Sie signalisieren ihren Feinden zum Beispiel, dass sie giftig sind.

Es wäre jedoch falsch, das Kommunikationsvermögen der Nachtfalter im Ultraschallbereich nur auf die Räuber-Beute-Beziehung zu den Fledermäusen zu reduzieren. Falter nutzen die hohen Töne auch, um untereinander zu kommunizieren.[17] Die Männchen einer japanischen Mottenart haben einen im wahrsten Sinne des Wortes zweideutigen Ruf entwickelt. Zunächst ahmt das Männchen die Jagdlaute von Fledermäusen nach. Auch in Sachen akustischer Mimikry stehen sich die beiden evolutionären Kontrahenten also in nichts nach. Im besten Fall führt diese Kostümierung als Fledermaus dazu, dass unerwünschte Nebenbuhler rasch das Weite suchen. Dann folgt ein Lockruf, der den Weibchen Paarungsbereitschaft signalisiert.[18] Was für eine praktische Finte.

Je mehr sich die Wissenschaft damit beschäftigt, desto komplexer wird unser Bild von der Lautkommunikation der Nachtfalter, deren Klangwelt möglicherweise lange, bevor es die ersten Fledermäuse gab, entstand.

Geheimnisvolle Signale

Die Bedeutung eines weiteren Sinnes kann man den Faltern deutlich ansehen. Wenn Sie Bilder von Tagfaltern und Nachtfaltern vergleichen, könnte Ihnen neben der unterschiedlichen Farbgebung noch ein weiteres Detail in Auge springen: die auffällige Form ihrer Antennen oder Fühler.

Die Fühler der meisten tagaktiven Falter sind am Ende zu einer kleinen Keule verdickt, bei Nachtfaltern hingegen findet sich eine ganze Reihe von Formen. Oft sind die kunstvollen Gebilde gesägt oder gefiedert, sie erinnern an Fächer oder Palmwedel. Es gibt sie in Schmal und Länglich, Oval und Rundlich, und sie können fast so lang sein wie die Tiere selbst. Auf Makro-Porträts sehen die plüschigen Falter mit den ungewöhnlichen Fühlern wie Wesen in einem Science-Fiction-Film aus, wie Geschöpfe aus einer anderen Welt. In gewisser Weise sind sie das auch, denn mithilfe dieser hoch entwickelten Fühler erleben die Falter eine Welt, die unsichtbar ist und uns Menschen verborgen bleibt, es ist die Welt der Düfte und Pheromone.

Pheromone sind Botenstoffe, die beim Empfänger verschiedene Verhaltensänderungen oder physiologische Reaktionen auslösen können – und sie sind ein großes Mysterium und Anlass für hitzige Diskussionen in der Wissenschaft. Während die einen ihnen sogar subtile Einflüsse auf uns Menschen zuschreiben, bestreiten die anderen ihre Existenz bei Säugetieren grundsätzlich.[19] Für Insekten sind sie wichtige Kommunikationsmittel, die über weite Distanzen tragen und selbst bei niedrigen Konzentrationen in der Luft noch wahrgenommen werden.

Möglich macht das die Struktur der Fühler. Die besagte Fächerform vergrößert ihre Oberfläche, doch das eigentliche Raumwunder sind die Sensillen, Riechhaare mit Geruchrezeptoren, die zu Tausenden auf den kunstvollen Gebilden sitzen. Wenn ein Molekül aus der Luft so ein Haar berührt, dockt es an einen Geruchsrezeptor an und übermittelt seine duftende Botschaft. Von Nahem betrachtet, sind die Sensillen eine Art poröse Röhre gefüllt mit Flüssigkeit, in der mehrere Dendriten, die Zellfortsätze (wie Ärmchen) einer Nervenzelle, auf ihre Erregung warten. Damit hat mit einigen Nachtfalterarten ausgerechnet eine Tiergruppe, die nicht über Nasen verfügt, den feinsten Geruchssinn überhaupt.

Schon eine gewöhnliche Kleidermotte kann etwa hundertfach besser riechen als der Mensch. Für manche Arten reicht ein einziges Molekül des Dufts, um diesen wahrzunehmen. Besonders fein ist die Falter-»Nase«; wen überrascht es, wenn es um das Eine geht, denn viele Pheromone dienen als Sexuallockstoffe. Bei Seidenspinnern, der Falterart, der die Menschheit schon vor fünftausend Jahren die weichen Stoffe für Kleidung verdankte, kann das Männchen ein Weibchen noch in fast fünf Kilometern Entfernung erschnuppern.[20, 21] Indem sie ihre lockenden Reize nur sparsam einsetzen, können Falterweibchen die Männchen mit den feinsten Sinnen anlocken und schärfen diese so im Laufe der Generationen unbewusst weiter.

Seit wir um die Bedeutung der Pheromone wissen, konnen wir sie auch gezielt einsetzen. So zum Beispiel bei der biologischen Schädlingsbekämpfung im Wein- und Obstanbau. Bei der Verwirrtechnik werden auf großer Fläche eine Menge weiblicher Falter-Pheromone verteilt. Für die Faltermännchen riecht es dadurch überall verlockend, und sie fliegen ziellos durch die Gegend, anstatt sich zu paaren und so eine neue Generation auf den Weg zu bringen. Irgendwie hinterhältig, aber auch genial, und wenn es funktioniert, kann so der schädliche Einsatz von Gift reduziert werden, was wiederum allen Insekten zugutekommt.

Es gibt aber noch mehr Dinge, die wir uns von den Faltern abgeguckt haben. Der Spürsinn der Tiere ist so fein, dass man zu seiner Erforschung am Max-Planck-Institut für chemische Ökologie in Jena ein eigenes Testzentrum erbaut hat. Dort gibt es Brutstätten für Tabakschwärmer und einen eigenen Windkanal für verschiedenste Experimente. Die ganze Anlage wird mit enormem technischem Aufwand auf einheitlichen Bedingungen von Luftfeuchte, Licht und Temperatur gehalten, besonders wichtig ist jedoch, dass die Luft, die die Tiere umgibt, absolut geruchsneutral ist. Nur so können die Forscher gezielt

Gerüche einströmen lassen, manchmal sogar nur ein einzelnes Molekül, und so die Reaktionen der Tiere messen.

Das Studium des Geruchssinns nachtaktiver Schmetterlinge hat auch schon praktische Anwendung gefunden. Inspiriert vom Nachtfalterdesign haben Wissenschaftler eine neue Generation von Sprengstoffdetektoren entwickeln können. Das Geheimnis der enormen Riechleistung der Nachtfalter liegt in der Oberfläche der Fühler, die durch Abertausende Riechhaare vergrößert wird. Das Gerüst des Detektors besteht entsprechend aus Siliziumbalken, die etwa 30 mal 200 Mikrometer messen. Nehmen Sie ein Lineal und schauen Sie sich einen Millimeter an. Das bekommt unser Auge bis zu einem gewissen Alter noch ganz gut hin. Nun teilen Sie diesen Millimeter in Gedanken in eintausend Abschnitte, und Sie haben Mikrometer. Und das ist nur das Gerüst. Darauf befindet sich eine Beschichtung aus Titandioxid, welches an den gesuchten Stoff, in diesem Fall Trinitrotoluol, besser bekannt als TNT, spezifisch bindet. Die Beschichtung besteht, der Architektur der Sensillen nachempfunden, aus einer halben Million winziger, vertikal ausgerichteter Nanoröhrchen, die den explosiven Stoff anziehen.

Das Kopieren der Falterfühler bringt einen enormen Fortschritt, der neue TNT-Detektor ist fast eintausend Mal feiner als seine Vorgänger und kann es damit, was die Auflösung betrifft, sogar mit der Nase eines Spürhundes aufnehmen.[22]

Aber zurück zu den Pheromonen. Während sie bei Insekten recht gut untersucht sind, wird, wie eingangs erwähnt, noch immer heiß diskutiert, ob und welche anderen Lebewesen Pheromone besitzen oder wahrnehmen können. Aber was ist überhaupt der Unterschied zwischen einem Pheromon und einem anderen Duftmolekül?

Während Duftstoffe bewusst wahrgenommen werden können, sollen Pheromone nicht im eigentlichen Sinn nach etwas riechen, sondern vielmehr auf einer unterbewussten Ebene wirken und so unter dem Radar bewusster Entscheidungen das Verhalten der Empfänger beeinflussen oder bestimmte körperliche Reaktionen hervorrufen. Das liegt daran, dass Pheromon-Rezeptoren ihren eigenen Draht ins Gehirn haben und dort anders verarbeitet werden als andere Duftstoffe.

Man unterscheidet verschiedene Arten der Pheromone mit verschiedenen Funktionen. Es gibt zum Beispiel schnell wirksame Alarmpheromone, die ausgestoßen werden, wenn ein Tier angegriffen wird, und so Artgenossen vor der drohenden Gefahr warnen. Und es gibt solche, die langsam und über längere Zeit wirken. Das ist vor allem bei Bienen gut untersucht, wo die Königin Pheromone nutzt, um ihre Arbeiterinnen zu kontrollieren. Mithilfe der sogenannten Königinnensubstanz werden die Arbeiterinnen daran gehindert, selbst Eierstöcke auszubilden. Die Monarchin setzt also ihr Volk unter Drogen, um zu verhindern, dass sie Konkurrenz bekommt, denn ihre Fähigkeit, Eier zu legen, ist letztlich das, was sie vom Pöbel trennt.

Kaum ein Lebewesen verbinden wir so sehr mit dem Einsatz von Duftstoffen wie die Blütenpflanze (außer vielleicht das Stinktier, auch wenn das Wort Duft nicht gerade das ist, was einem dazu als Erstes in den Sinn kommt). Dass Pflanzen mithilfe ihres Dufts Bestäuber anlocken, wissen wir. Dafür müssen sie nichts tun; sie riechen eben einfach, wie sie riechen. Oder doch nicht?

Vom Bild der passiv vor sich hin duftenden Blume müssen wir uns wohl verabschieden, wie der Blick auf die nächtliche Beziehung zwischen zwei ungleichen Wesen zeigt. Petunien sind auf die Bestäubung durch nachtaktive Falter spezialisiert. Mithilfe von Benzoaten, die auch wir für die Parfümherstellung nutzen (Benzoate riechen zum Beispiel nach Vanille, Rosenblättern, Gewürznelke oder Hyazinthen), erzeugen sie einen betörenden Cocktail. Diesen verbreiten sie exklusiv in der Nacht und

locken so die Falter zu ihren Blüten. Statt passiv aus den Blüten-
blättern zu diffundieren, schleudern die Blumen ihre duftende
Botschaft aktiv nach draußen in die nächtliche Luft.[23]

Offenbar können Pflanzen darüber hinaus Pheromone von
anderen Lebewesen wahrnehmen. Wie ein internationales Forscherteam entdeckte, nutzen Waldkiefern die Botschaften von
Blattwespen, um sich zu verteidigen. Die Wespen legen ihre Eier
auf den Kiefernnadeln ab. Wenn dann später die Larven daraus
schlüpfen, kann deren Fraß dem Baum ziemlich zusetzen. Da
die Wespenweibchen zuvor ihre Partner mithilfe von Pheromonen anlocken, liegt die Gefahr für die Waldkiefer quasi in der
Luft, bevor sie sich Bahn bricht. Genau das scheint die Kiefer
sich zunutze machen zu können. In einem Experiment setzten
die Forscher Waldkiefern dem Pheromon der Wespen aus. Das
Ergebnis war, dass diese ihre Verteidigung gegen den Befall
durch molekulare Veränderungen anpassten. Sie bereiteten sich
quasi auf den Angriff vor, indem sie chemisch aufrüsteten. Und
das mit Erfolg, denn Bäume, die dem Pheromon vorab ausgesetzt wurden, konnten rund fünfzig Prozent mehr der Eier abtö-
ten als Bäume, die die duftende Warnung nicht erhalten hatten.
Wie die Pflanzen die Pheromone wahrnehmen, ist jedoch nach
wie vor unbekannt.[24]

Und wie sieht es bei den Wirbeltieren aus? Ein Hauptver-
dächtiger bei der Wahrnehmung von Pheromonen unter den
Wirbeltieren ist das Jakobsonsche Organ. Es sitzt, je nach Tierart, in Form von zwei winzigen Einbuchtungen in der Nase,
den Nasennebenhöhlen oder dem Dach der Mundhöhle. Für
Schlangen und andere Reptilien sowie Fische übernimmt es
wichtige Funktionen, beim Menschen wird es dagegen zwar bei
der Embryonalentwicklung zunächst angelegt, aber dann teilweise wieder zurückgebildet. Obwohl man es auch bei einigen
erwachsenen Menschen finden kann, ist es nicht funktionsfä-

hig. Allerdings befinden sich wohl auch auf der normalen Nasenschleimhaut einige wenige Pheromon-Rezeptorzellen, die mit einer eigenen Leitung verkabelt sind, und manche Tiere, die Pheromone nutzen, besitzen gar kein Jakobsonsches Organ. Es gibt auch erste Hinweise darauf, dass bestimmte Düfte unser Verhalten beeinflussen und zum Beispiel Empathie hervorrufen. Allerdings konnten beim Menschen bislang keine eigenen Pheromone isoliert werden.[25–28]

Ob wir nun Pheromone besitzen oder nicht, klar ist, dass sich schon die Welt des »normalen« Riechens meist unserer aktiven Wahrnehmung entzieht. Die Fähigkeit, unsere Nase auf einem höheren Niveau gezielt einzusetzen, scheint uns im Laufe der Evolution abhandengekommen zu sein. Keinen anderen Sinn nutzen wir wohl weniger bewusst, obwohl er doch auch für uns Menschen von Bedeutung ist, sei es beim Schmecken, bei Verknüpfungen von Gefühlen und Erinnerungen oder der Einschätzung, ob wir andere sympathisch finden oder nicht.

Wie anders muss die Welt für die Bewohner der Nacht aussehen, die gezielt mit Düften spielen oder sich über Kilometer hinweg gegenseitig wahrnehmen können? Vermutlich werden wir nie erfahren, wie eine Rose für einen Dachs oder eine Fledermaus riecht, wie viele Botschaften Pflanzen und Tiere in die Nacht hinaussenden, die wir nie bemerken, oder wie es ist, wenn uns ein Duft so unwiderstehlich anzieht, dass wir nicht anders können, als ihm nachzugehen.

Die Welt der Sinne eröffnet unseren nächtlichen Mitgeschöpfen einen Zugang zur Nacht, ein Erleben der Dunkelheit, das uns durch unsere eingeschränkten Möglichkeiten verwehrt bleibt. Doch wenn wir uns auf die Dunkelheit einlassen, werden wir merken, dass auch wir viel mehr von ihrer Welt erfassen können, als wir glauben.

NEMOS ANEMONE

Spätestens seit *Findet Nemo* wissen wir, dass Clownfische See-anemonen als Verstecke gegen Fressfeinde nutzen. Die giftigen Tentakel können ihren Feinden, nicht aber den hübschen, bunten Fischen etwas anhaben. Die Beziehung ist dabei nicht einseitig, auch der Fisch tut etwas für die Seeanemone und schützt sie vor Fressfeinden. Aber nicht nur das, während tagsüber Seegräser und Algen an Korallenriffen Sauerstoff produzieren, ist das kostbare Gas nachts rar. Nun kommen Nemo und Kollegen zum Einsatz. Sie fächeln ihrer Anemone frisches, sauerstoffreicheres Wasser zu. Dafür sind sie einen Großteil der Nacht wach, obwohl die Nacht gefährlich für sie ist.[29]

EPILOG

Wir sind fast am Ende unserer Reise in die Nacht angekommen. Auch wenn sich im Dunkeln nach wie vor unzählige offene Fragen und mögliche Geschichten verstecken, haben wir doch einen kleinen Einblick in diese andere Welt bekommen. Entgegen dem Bild, das wir gelegentlich von der Nacht zeichnen, ist sie nicht schwarz und leer. Sie ist auf ihre eigene und einzigartige Weise vielfältig, und sie wimmelt nur so von Leben. Sie ist nicht einmal farbenblind, wir sind im Gegensatz zu einigen Geschöpfen der Nacht nur nicht in der Lage, ihre Farben zu sehen.

In einem Gedicht, das Wendell Berry, US-amerikanischer Autor und Dichter, über die Nacht geschrieben hat, gibt es eine Zeile, die ich besonders schön finde. Darin heißt es: »the dark too blooms and sings and is travelled by dark feet and dark wings«. Frei übersetzt also: »auch im Dunkeln gibt es Blühen und Singen und das Queren dunkler Pfoten und dunkler Schwingen«.

Für mich klingt diese Zeile wie ein Versprechen auf die Wunder der Nacht. Wenn wir uns dieser wundersamen Welt zuwenden und in sie eintauchen, wird sie ihr Versprechen halten. Wir haben gerade erst begonnen, ihre Geheimnisse zu entdecken, das gilt für uns als Menschheit und auch für mich persönlich.

Haben Sie selbst die Natur der Nacht schon einmal ganz bewusst erfahren? Falls nicht, kann ich Ihnen nur empfehlen, sich auf dieses Abenteuer einzulassen. Eine fantastische Art, die Nacht zu erleben, ist es, an einem lauen Sommerabend schwimmen zu gehen. Ich bin am Rande des Odenwalds aufgewachsen, und bevor ich nach Berlin zog, hatte ich ein abweisendes Bild der Stadt vor Augen, von einem Meer aus Beton. Stattdessen ist diese

Stadt, wie viele andere auch, eine kleine Oase für Pflanzen und Tiere. Wo vor allem in land- und forstwirtschaftlich geprägten Gegenden auf dem Land oft Eintönigkeit herrscht, gibt es hier ein Sammelsurium an wilden Ecken und Biotopen. Im Sommer weiß ich besonders die vielen Berliner Gewässer zu schätzen. So ein See ist immer etwas Herrliches, in der Nacht aber wird er zu etwas Magischem.

Wenn die meisten Menschen nach einem langen, heißen Tag am Wasser ihre Sachen zusammenpacken und nach Hause gehen, beginnt für mich die Zeit für ein besonderes Erlebnis: Das Ufer leert sich nach und nach, bis ich alleine zurückbleibe. Zwischen schwarzen Scherenschnitten von Bäumen glänzt die silbrig-schwarze Wasseroberfläche. Als ich ins dunkle Wasser hineinwate, umfließt es meine Beine wie flüssiges Metall. Vom Tag ist das Wasser aufgeheizt und damit noch etwas wärmer als die kühle Nachtluft. Ich tauche ein und mache einige Schwimmzüge. Wenn ich so dahingleite durch das sanfte Schwarz mit seinen silbrigen Lichtreflexen von Mond und Stadtlichtern, kommt es mir vor, als würde ich durch das Weltall tauchen.

Anschließend liege ich auf dem Rücken und lasse mich treiben. Im Zwielicht tauchen Fledermäuse auf, die über der Wasseroberfläche jagen, um dann wie lautlose Schatten wieder mit der Dunkelheit zu verschmelzen.

Solche Momente sind für mich Balsam für die Seele. Dieser Satz wird oft leichtfertig dahergesagt. Doch für mich ist genau dieses Gefühl von großer Bedeutung – letztlich ist es sogar überlebenswichtig. Seit ich denken kann, kenne ich das Gefühl von Dunkelheit in mir. Einer schwermütigen, traurigen Dunkelheit, die mich lähmt. Sie zerrt an mir, nimmt mir meine Kraft und meine Freude. Nach langem Überlegen entschied ich mich, in meinem Buch *Von Füchsen und Menschen* über die schwere Krebserkrankung zu sprechen, die ich gerade überstanden hatte, als mein Abenteuer mit den Füchsen begann. Es war eine Entscheidung, die ich nicht bereut habe. Viele liebevolle, nachdenkliche und auch dankbare Zuschriften von Menschen haben mich davon überzeugt, dass es Gutes bewirken kann, diese Dinge zu teilen. Denn wir alle haben unsere Täler im Leben, und manchmal hilft es bereits zu wissen, dass das so ist. Manchmal hilft es auch zu sehen, wie andere Menschen wieder Hoffnung schöpften, und zu merken, dass auch wir Hoffnung in uns finden können.

So absurd das klingt, aber trotz all der Gewalt, mit der die Krebserkrankung in mein Leben eindrang, und all dessen, was mich die aggressive Therapie dagegen gekostet hat – von der körperlichen Leistungsfähigkeit bis hin zu meiner Würde und Selbstbestimmtheit in manchen Momenten –, hat mir die Krankheit doch eines verhältnismäßig leicht gemacht: darüber zu sprechen.

Denn niemand verurteilt Menschen, die Krebs haben. Krebs ist ein Schicksalsschlag, der einem widerfährt. Wir – und damit meine ich die Gesellschaft – bringen Mitgefühl und Verständnis auf. Ganz anders ist es jedoch bei psychischen Erkrankungen, und obwohl Depressionen seit meiner Jugend zu meinem Leben gehören, habe ich viele Jahre gebraucht, um mir selbst einzugestehen, dass ich psychisch krank bin. Habe ich die Erkrankung geerbt oder möglicherweise einfach Pech gehabt, weil mein Gehirn als Modell mit melancholischer Voreinstellung ausgeliefert wurde? Oder sind die schwierigen Jahre meiner Kindheit für den Kampf verantwortlich, den ich mein Leben lang führe? Ich weiß es nicht.

Was ich weiß, ist, dass Depressionen und andere psychische Erkrankungen noch immer unterschätzt werden. Dass sie immer noch als Willensschwäche oder Befindlichkeiten abgetan werden. Dass wir Menschen mit diesem Los in unserer Gesellschaft nicht das gleiche Mitgefühl und Verständnis entgegenbringen wie den von Krebs Betroffenen.

Ich weiß auch, dass in meiner Hirnchemie etwas nicht so läuft wie bei »gesunden«, also neurotypischen Menschen. Irgendwie zelebrieren ein paar Rezeptoren und Moleküle, die eigentlich wichtige Aufgaben zu erledigen hätten, in meinem Kopf die Anarchie. Depressionen sind so viel mehr als ein paar schlechte Tage. Wenn ich eine akute Phase habe, fühle ich mich, als wäre ich in einer zähen Flüssigkeit gefangen, in der jede Bewegung, aber auch jeder Gedanke ein unüberwindbarer Kraftakt sein kann. Wie ein Insekt, gefangen in einem Tropfen Harz.

Den Leidensdruck, der damit einhergeht, nachzuvollziehen ist vielleicht schwierig, wenn man selbst nicht betroffen ist. Das macht es Betroffenen schwer, offen damit umzugehen. Ich habe, wie gesagt, lange gebraucht, um mir meine Depressionen einzugestehen. Sie mir auch zuzugestehen und entsprechend Rücksicht mir selbst gegenüber walten zu lassen, das ist eine Aufgabe, an der ich noch immer regelmäßig scheitere. Ich wünsche mir eine Gesellschaft, in der sich niemand schämt oder Angst um seinen Arbeitsplatz haben muss, weil er zugibt, betroffen zu sein. Einen Ort, an dem man laut und deutlich sagen darf: »Hallo Welt, ich bin ein Mensch mit Depressionen, und manchmal funktioniere ich nicht.«

Interessanterweise verbindet mich und viele andere Menschen mit Depressionen, die ich kenne, eine sehr ambivalente Beziehung zur Nacht. Ich liebe die Nacht und all die schönen Dinge, die sich in ihr verbergen, wie Sie hoffentlich auf jeder Seite dieses Buches spüren konnten. Dennoch fürchte auch ich die Nacht. Nicht ihre Schrecken, sondern ihr unabwendbares Eintreffen. In schlechten Phasen zögere ich das Ins Bett gehen immer wieder hinaus. Wenn es dunkel wird, kommt unweigerlich die Angst vor dem Schlafengehen. Inzwischen habe ich für mich erkannt, dass es nicht die Nachtruhe selbst ist, die ich fürchte, sondern die Tatsache, dass nach ihr ein neuer Tag beginnt. Solange es Abend ist, wartet vor mir die erleichternde Bewusstlosigkeit des Schlafes, dahinter jedoch droht ein neuer Tag, in den zu starten sich wie eine Unmöglichkeit anfühlt.

Es gibt Dinge, die helfen. Gesprächstherapie oder Medikamente können manchen Menschen helfen, jeder muss letztlich für sich herausfinden, was ihm guttut. Mir hilft außerdem Achtsamkeit. Die Achtsamkeit, zu der ich schon immer den leichtesten Zugang hatte, war die mit und in der Natur.

Wenn ich barfuß über eine Wiese gehe und mich ganz auf das Kitzeln der Grashalme zwischen den Zehen konzentriere oder den Geruch von Petrichor ganz tief einsauge – den Duft des Waldbodens nach einem Sommerregen –, dann bin ich achtsam, dann kehrt Stille in das Chaos im Inneren ein. Ich liebe es, in der Natur um mich herum zu versinken, und die Nacht ist ein verheißungsvoller Raum dafür. Ein Raum, in dem der Trubel des Tages verschwunden ist und viele Orte da draußen nur dem Nachtwandernden gehören. Ich glaube, alle Menschen – egal wie die Herausforderungen aussehen, die das Leben für sie bereithält – können Frieden in der Natur finden, wenn sie lernen, sich darauf einzulassen.

Zum Schluss dieses Buches möchte ich Ihnen daher noch ein Nachterlebnis ans Herz legen, das mich und viele andere Nachtschwärmer glücklich macht. Dafür nehme ich Sie in eine warme Sommernacht im Juni auf eine Waldlichtung mit.

Die Lichtung liegt in einem Waldgebiet, irgendwo im Nirgendwo von Mecklenburg-Vorpommern. Ich freue mich schon lange auf diesen Abend und bin gleichzeitig ein wenig aufgeregt, denn trotz meiner Liebe zur Nacht tue ich das, was ich nun vorhabe, viel zu selten.

Ich setze meinen Rucksack ab. Ich bin nicht alleine hier, mein Freund Tobias begleitet mich. Mit den letzten langen Strahlen der Sonne sind wir hierher gewandert. Auf einer Wiese stehen zwei Liegebänke, auf denen vermutlich tagsüber Wanderer Sonne getankt und sich ausgeruht haben. Heute Nacht werden sie unsere Betten sein. Während wir Isomatten und Schlafsäcke auspacken, senkt sich langsam die Dunkelheit über die Lichtung im Wald.

Hier, fernab von Straßenlaternen und Wohnhäusern, ist das einzig verbliebene Licht das Nachglühen des Horizonts. Auf einen langen Tag folgt nun die kurze Nacht des Sommers in den nördlichen Breiten. Eine gute Zeit, um draußen zu übernachten und Sterne zu beobachten. Denn dafür sind wir hier. Im August lassen sich übrigens besonders viele Sternschnuppen beobachten. Bis zu einhundert der kleinen, verglühenden Gesteinsbrocken können sich in einer einzigen Stunde am Himmel zeigen.

Ich kann natürlich nicht umhin, die Fledermäuse zu entdecken, die über die Lichtung flattern, und irgendwo, weit entfernt, ruft ein Waldkauz. Unter dem Konzert der Grillen beginnt das Stück auf der Nachtbühne, für das wir heute hergekommen sind.

Immer mehr Sterne erscheinen am dunklen Nachthimmel. Versierte Sternengucker würden sicherlich längst Dutzende Sternbilder erkennen. Für mich ist es ein Kunstwerk, das sich meinem Verständnis entzieht. Generell gehört der Sternenhimmel für mich zu diesen gedanklichen Rätseln, die uns immer wieder begegnen. Damit meine ich, dass es diese Dinge gibt, die wir wissen und dennoch nicht wirklich wissen, denn sie ergeben für unseren Verstand einfach keinen Sinn. Das Weltall ist unendlich, zum Beispiel. Das ergibt keinen Sinn, es lässt sich in seiner wahren Bedeutung einfach nicht begreifen. Als wäre das nicht genug, dehnt sich dieses unendliche Nichts auch noch aus. Das macht die Sache nicht besser.

Es gibt so viele Sterne im Universum wie Zellen im Körper aller lebenden Menschen. Mit dieser Analogie kann ich es mir aber genauso wenig vorstellen. Oder: Das Leben auf der Erde ist mehrere Milliarden Jahre alt. Das wissen wir, das weiß ich als Evolutionsbiologin sogar recht detailliert, fassen kann ich es dennoch nicht.

Dieses Gefühl der Nicht-Fassbarkeit ergreift mich, wenn ich in die Sterne schaue. Bis auf einige Planeten, die das Licht der Sonne zurückwerfen, wie der Abendstern, sind all diese vielen, vielen Sterne Sonnen. Jeder einzige ein heißer Ball aus Gas, unfassbar weit von uns entfernt. Die Tatsache, dass etwas so weit entfernt sein kann, dass es Jahre dauert, bis sein Licht bei uns eintrifft, übersteigt meine Vorstellungskraft. Nehmen wir an, ein Dreißigjähriger schaut in die Sterne und betrachtet einen Stern, der dreißig Lichtjahre entfernt ist. Das Licht des Sterns, das er im Moment der Beobachtung sieht, wurde dann bereits am Tag seiner Geburt losgeschickt. Die Sterne, die wir sehen, können seit Menschengenerationen erloschen sein, lange bevor ihr Licht uns erreicht.

Während wir daliegen und in die Sterne schauen, warm eingepackt in unsere Schlafsäcke, betrachten wir fremde Welten. Hier ist die Dunkelheit so unberührt, dass sich das weiße neblige Band der Milchstraße über unseren Köpfen zeigt. Eine atemberaubende Aussicht. Was für eine merkwürdige Vorstellung, dass unser Sonnensystem nur eines von vielen ist, die in dieser riesigen Spirale schweben und die Milchstraße selbst wiederum nur eine von vielen Galaxien. Der Anblick ist so eindringlich, dass man das Gefühl hat, die Sterne greifen zu können. Wie eingesaugt in die Magie des Augenblicks verfliegen die Stunden.

Hier, an diesem Ort und zu dieser Stunde, sind die Gedanken frei. Sie gleiten dahin wie die Wolken am dunklen Nachthimmel: Wenn die Geschöpfe der nächtlichen Anderswelt in der Überzahl sind, sind wir dann nicht die Bewohner der Anderswelt? Ich denke nach über die Wunder dieser verborgenen, dunklen Welt. Über die Tiere, die jetzt gerade um mich herum unterwegs sind – auf leisen Pfoten und Schwingen – und ihr Leben außerhalb meiner Wahrnehmung leben. Über Myriaden von Lichtern, erloschene Sterne, Vergänglichkeit. Über all die Tiere und Menschen, die seit der Entstehung des Lebens in diese Sterne geschaut haben. Über Sternenkarten für Zugvögel und Seefahrer. Über Sternbilder und Sternengucker und darüber, warum wir in die Sterne schauen.

Als ich die Augen schließe, kurz bevor mich der Schlaf umfängt, flackert ein letzter Gedanke in meinem Bewusstsein auf: Wir schauen in die Sterne, um zu staunen.

DANK

Ich bin Vollblutbiologin und Wissenschaftlerin. Ich liebe die Natur, und ich liebe es, sie zu erforschen. Als Autorin habe ich mich selbst nie gesehen. Dann lasen ein paar Menschen einen Artikel über meine Forschung zu Füchsen und fragten mich, ob ich mir vorstellen könnte, ein Buch darüber zu schreiben. Konnte ich nicht, habe ich dann aber trotzdem getan. Warum? Weil es etwas Neues war, eine Herausforderung, ein Abenteuer, und überraschenderweise hat es richtig großen Spaß gemacht.

Das Schreiben hat mir die Möglichkeit gegeben, einige große Emotionen, die mir meine Arbeit mit und in der Natur beschert hat, noch einmal zu durchleben. Manchmal sehe ich die Welt an und könnte platzen vor Begeisterung. In einem Zeitungsartikel über mich stand einmal »schon der Anblick einer einfachen Wiese lässt ihr Herz höher schlagen«. Das mit dem Herz stimmt, nur das mit der »einfachen Wiese« ist eigentlich nicht richtig. Denn nichts an einer Wiese ist einfach. Sie ist ein unfassbar komplexes Sammelsurium von Leben von winzigen Bakterien bis hin zu mir selbst, wenn ich auf ihr stehe. Ich bin oft so voller Staunen und Begeisterung darüber, wie großartig die Natur ist, und nun habe ich endlich einen Weg gefunden, dieser Begeisterung Ausdruck zu verleihen.

Inzwischen habe ich also mein zweites Buch geschrieben. Sie haben es vermutlich gerade gelesen. Das freut mich! Ich hoffe, es hat Ihnen Freude bereitet. Denn es war mir ein großes Bedürfnis und Vergnügen, es zu schreiben. Ich bin noch immer Biologin und Wissenschaftlerin, aber dank Menschen wie Ihnen, die Lust haben, meine Faszination mit mir zu teilen, darf ich nun auch Autorin sein. Der allererste Dank dieser Danksagung gilt also Ihnen!

Dieses Buch hat sich von einer kindlichen Begeisterung über neue berufliche Themen zu einem echten Herzensprojekt entwickelt, und ich mag das, was aus diesem Prozess entstanden ist. Ich möchte Nicola, meiner Lektorin, und all den anderen tollen Menschen beim Hanser Verlag danken, dass sie mich auf diesem Weg so unterstützt haben.

Außerdem möchte ich meiner Kollegin und Freundin Sarah danken. Sie hat mir in den stressigsten Phasen in all der Zeit immer den Rücken freigehalten. Ohne sie würde es dieses Buch schlicht nicht geben. Einen Menschen wie Sarah in seinem Leben zu wissen ist ein großes Glück. Als ich die ersten drei Kapitel fertig hatte, bat ich sie, sie zu lesen. Ihre Rückmeldung, die mich am nächsten Tag per Mail erreichte, hat mich so bewegt, dass ich sie hier zitieren möchte: »[Kram über Arbeit …] und der Anfang Deines Buches liest sich suuuper, hab fast vergessen, am Ostkreuz umzusteigen! Lese morgen weiter, heute alles voll … Ganz liebe Grüße und gutes Schreiben weiter. Ich habe so einen Mörderrespekt, wie Du das alles bisher in dem Zeitrahmen und mit dem Druck im Genick machst: Unvorstellbar!!!! Und es ist wieder genau Dein Stil – lustig, manchmal sarkastisch, ironisch als kleines Menschlein in dieser vollen Welt mit anderen Lebewesen – und trotzdem so voller Humor, dass man nicht gleich ins Schimpfen und Resignieren kommt, sondern staunend mit Dir mitkommt in diese bunte (na ja, nachts für uns graue, hehe) Welt!!!!!!!!« Wie lieb ist das bitte? Danke Sarah, für alles.

Mein Dank gilt meinen Kolleginnen und Kollegen, denen am Institut genauso wie all den anderen, mit denen ich in Verbindung stehe und die mich von der Fledermausexpertin bis zum Leiter der Arbeitsgruppe für Lichtverschmutzung am IGB mit ihrer Expertise bereichert haben. Marco danke ich für die tollen Fotos und seine Hilfsbereitschaft. Meinen Gesprächspartnern, Testlesererinnen, Zuhörern sei ebenso gedankt wie meiner Familie und meinen Freunden. Danke Sina, Caro, Aurelia und jedem und jeder einzelnen von Euch lieben Menschen in meinem Leben. Danke, dass ihr ein Teil davon seid.

Und nun raus in die Nacht. Vielleicht treffen wir uns dort.

ANMERKUNGEN

Die dunkle Seite des Tages

1 Berson, D. M., Dunn, F. A. & Takao, M. (2002). Phototransduction by Retinal Ganglion Cells That Set the Circadian Clock. *Science, 295,* 1070–1073.

2 Cajochen, C., Frey, S., Anders, D., Späti, J., Bues, M., Pross, A., Mager, R., Wirz-Justice, A. & Stefani, O. (2011). Evening exposure to a light-emitting diodes (LED)-backlit computer screen affects circadian physiology and cognitive performance. *J Appl Physiol (1985). 2011 May; 110(5),* 1432–1438.

3 Z. B. Costa, G. (1996). The impact of shift and night work on health. *Applied ergonomics,* 27(1), 9–16.

4 Gaston, K. J. (2019). Nighttime ecology: the »nocturnal problem« revisited. *The American Naturalist, 193(4),* 481–502.

5 Bennie, J. J., Duffy, J. P., Inger, R. & Gaston, K. J. (2014). Biogeography of time partitioning in mammals. *Proceedings of the National Academy of Sciences, 111(38),* 13727–13732.

6 Gaynor, K. M., Hojnowski, C. E., Carter, N. H. & Brashares, J. S. (2018). The influence of human disturbance on wildlife nocturnality. *Science, 360(6394),* 1232–1235.

7 https://www.spektrum.de/kolumne/interdisziplinaere-wissenschaft-erforscht-die-nacht/1433035.

8 Kyba, C. C., Pritchard, S. B., Ekirch, A. R., Eldridge, A., Jechow, A., Preiser, C., … & Straw, W. (2020). Night matters—why the interdisciplinary field of »Night Studies« is needed. *J, 3(1),* 1–6.

9 Posch, T., Hölker, F., Uhlmann, T., & Freyhoff, A. (Hg.). (2014). Das Ende der Nacht: Lichtsmog: Gefahren-Perspektiven-Lösungen. John Wiley & Sons

10 Hölker, F., Wolter, C., Perkin, E. K. & Tockner, K. (2010). Light pollution as a biodiversity threat. *Trends in ecology & evolution, 25(12),* 681–682.

11 Bennie, J. J., Duffy, J. P., Inger, R. & Gaston, K. J. (2014). Biogeography of time partitioning in mammals. *Proceedings of the National Academy of Sciences, 111(38),* 13727–13732.

12 Heinsohn, T. E. (2002). Observations of probable camouflaging behaviour in a semi-commensal common spotted cuscus Spilocuscus macu-

latus maculatus (Marsupialia: Phalangeridae) in New Ireland, Papua New Guinea. *Australian Mammalogy, 24(2)*, 243–246.

13 Helgen, K. M., Jackson, S. M., Wilson, D. E. & Mittermeier, R. A. (2015). Family Phalangeridae (cuscuses, brush-tailed possums and scaly-tailed possum). *Handbook of the Mammals of the World*, 5, 456–497.

14 Clark, W. L. G. (1926, December). On the Anatomy of the Pen-tailed Tree-Shrew (Ptilocercus lowii.). *Proceedings of the Zoological Society of London* (Bd. 96, 4, 1179–1309). Oxford, UK: Blackwell Publishing Ltd.

15 Wiens, F., Zitzmann, A., Lachance, M. A., Yegles, M., Pragst, F., Wurst, F. M., … & Spanagel, R. (2008). Chronic intake of fermented floral nectar by wild treeshrews. *Proceedings of the National Academy of Sciences*, *105(30)*, 10426–10431.

16 Puttonen, E., Briese, C., Mandlburger, G., Wieser, M., Pfennigbauer, M., Zlinszky, A. & Pfeifer, N. (2016). Quantification of overnight movement of birch (Betula pendula) branches and foliage with short interval terrestrial laser scanning. *Frontiers in plant science, 222*.

17 Wright Jr, K. P. & Czeisler, C. A. (2002). Absence of circadian phase resetting in response to bright light behind the knees. *Science*, *297(5581)*, 571.

18 Ruby, N. F., Brennan, T. J., Xie, X., Cao, V., Franken, P., Heller, H. C. & O'Hara, B. F. (2002). Role of melanopsin in circadian responses to light. *Science*, *298(5601)*, 2211–2213.

19 Jacobs, G. H. (2013). Losses of functional opsin genes, short-wavelength cone photopigments, and color vision—a significant trend in the evolution of mammalian vision. *Visual Neuroscience, 30(1–2)*, 39–53.

20 Scholtyssek, C. & Kelber, A. (2017). Farbensehen der Tiere. *Der Ophthalmologe, 114(11)*, 978–985.

21 Levenson, D. H. & Dizon, A. (2003). Genetic evidence for the ancestral loss of short-wavelength-sensitive cone pigments in mysticete and odontocete cetaceans. *Proceedings of the Royal Society of London. Series B: Biological Sciences, 270(1516)*, 673–679.

22 Meredith, R. W., Gatesy, J., Emerling, C. A., York, V. M. & Springer, M. S. (2013). Rod monochromacy and the coevolution of cetacean retinal opsins. *PLoS genetics, 9(4)*, e1003432.

23 Feodorova, Y., Falk, M., Mirny, L. A. & Solovei, I. (2020). Viewing nuclear architecture through the eyes of nocturnal mammals. *Trends in cell biology, 30(4)*, 276–289.

24 Schwab, I. R., Yuen, C. K., Buyukmihci, N. C., Blankenship, T. N. & Fitzgerald, P. G. (2002). Evolution of the tapetum. *Transactions of the American Ophthalmological Society*, *100*, 187.

25 Cohen, J. H., Last, K. S., Charpentier, C. L., Cottier, F., Daase, M., Hobbs, L., Johnsen, G. & Berge, J. (2021). Photophysiological cycles in Arctic krill are entrained by weak midday twilight during the Polar Night. *PLoS biology, 19(10)*, e3001413.

26 Kelber, A., Balkenius, A. & Warrant, E. J. (2002). Scotopic colour vision in nocturnal hawkmoths. *Nature, 419(6910)*.

27 Roth, L. S. & Kelber, A. (2004). Nocturnal colour vision in geckos. *Proceedings of the Royal Society of London. Series B: Biological Sciences, 271(suppl.6)*, S485-S487.

28 Kelber, A. & Roth, L. S. (2006). Nocturnal colour vision – not as rare as we might think. *Journal of Experimental Biology, 209(5)*, 781–788.

29 Zapka, M., Heyers, D., Hein, C. M., Engels, S., Schneider, N. L., Hans, J., … & Mouritsen, H. (2009). Visual but not trigeminal mediation of magnetic compass information in a migratory bird. *Nature, 461(7268)*, 1274–1277.

30 Xu, J., Jarocha, L. E., Zollitsch, T., Konowalczyk, M., Henbest, K. B., Richert, S., … & Hore, P. J. (2021). Magnetic sensitivity of cryptochrome 4 from a migratory songbird. *Nature, 594(7864)*, 535–540.

31 Iwaniuk, A. N., Keirnan, A. R., Janetzki, H., Mardon, K., Murphy, S., Leseberg, N. P. & Weisbecker, V. (2020). The endocast of the Night Parrot (Pezoporus occidentalis) reveals insights into its sensory ecology and the evolution of nocturnality in birds. *Scientific Reports, 10(1)*, 1–9.

32 Moore, B. A., Paul-Murphy, J. R., Tennyson, A. J. & Murphy, C. J. (2017). Blind free-living kiwi offer a unique window into the ecology and evolution of vertebrate vision. *BMC biology, 15(1)*, 1–3.

33 Le Duc, D., Renaud, G., Krishnan, A., Almén, M. S., Huynen, L., Prohaska, S. J., … & Schöneberg, T. (2015). Kiwi genome provides insights into evolution of a nocturnal lifestyle. *Genome biology, 16(1)*, 1–15.

34 Yamamoto, Y. & Jeffery, W. R. (2000). Central role for the lens in cave fish eye degeneration. *Science, 289(5479)*.

35 Le Duc, D., Renaud, G., Krishnan, A., Almén, M. S., Huynen, L., Prohaska, S. J., … & Schöneberg, T (2015). Kiwi genome provides insights into evolution of a nocturnal lifestyle. *Genome biology, 16(1)*, 1–15.

36 Lee, M. J., Byers, K. A., Donovan, C. M., Bidulka, J. J., Stephen, C., Patrick, D. M. & Himsworth, C. G. (2018). Effects of culling on Leptospira interrogans carriage by rats. *Emerging infectious diseases, 24(2)*, 356.

37 Rubin, B. D. & Katz, L. C. (2001). Spatial coding of enantiomers in the rat olfactory bulb. *Nature neuroscience, 4(4)*.

38 Uchida, N. & Mainen, Z. F. (2003). Speed and accuracy of olfactory discrimination in the rat. *Nature neuroscience, 6(11)*.

39 Gerber, N., Schweinfurth, M. K. & Taborsky, M. (2020). The smell of cooperation: rats increase helpful behaviour when receiving odour cues of a conspecific performing a cooperative task. *Proceedings of the Royal Society B, 287(1939)*.

40 Mgode, G. F., Weetjens, B. J., Cox, C., Jubitana, M., Machang'u, R. S., Lazar, D., … & Kaufmann, S. H. (2012). Ability of Cricetomys rats to detect Mycobacterium tuberculosis and discriminate it from other microorganisms. *Tuberculosis, 92(2)*.

41 Wöstmann, M., Schmitt, L. M. & Obleser, J. (2020). Does closing the eyes enhance auditory attention? Eye closure increases attentional alpha-power modulation but not listening performance. *Journal of cognitive neuroscience, 32(2)*.

42 Gougoux, F., Lepore, F., Lassonde, M., Voss, P., Zatorre, R. J. & Belin, P. (2004). Pitch discrimination in the early blind. *Nature, 430(6997)*, 309.

43 Corcoran, A. J. & Hristov, N. I. (2014). Convergent evolution of anti-bat sounds. *Journal of Comparative Physiology A, 200(9)*, 811–821.

44 Stafstrom, J. A., Menda, G., Nitzany, E. I., Hebets, E. A. & Hoy, R. R. (2020). Ogre-faced, net-casting spiders use auditory cues to detect airborne prey. *Current Biology, 30(24)*, 5033–5039.

45 Podolskiy, E. A., Fujita, K., Sunako, S., Tsushima, A. & Kayastha, R. B. (2018). Nocturnal thermal fracturing of a Himalayan debris-covered glacier revealed by ambient seismic noise. *Geophysical Research Letters, 45(18)*, 9699–9709.

46 https://www.spektrum.de/news/nachts-wird-der-wind-fleissig/344176.

Bewohner der Nacht – BILCHE

1 Bright, P. W., Mitchell, P. & Morris, P. A. (1994). Dormouse distribution: survey techniques, insular ecology and selection of sites for conservation. *Journal of Applied Ecology, 31(2)*, 329-339.

2 Koch, J. (1883). Die Siebenschläferlegende, ihr Ursprung und ihre Verbreitung. C. Reissner.

3 Vehling, J. D. (Hg.). (2012). Cookery and dining in imperial Rome. Courier Corporation.

4 Edmond Saglio, »Glirarium«. In: Daremberg und Saglio, Dictionnaire des Antiquités Grecques et Romaines, Tome II (Bd. 2), 1613, Librairie Hachette et Cie., Paris, 1877–1919.

5 https://www.arttrav.com/tuscany/ghirarium-dormice/.

6 Magda, P. (1998). Dormouse hunting as part of Slovene national identity. *Natura Croatica, 7(3),* 199.

7 https://orf.at/stories/3232974/.

8 Hoelzl, F., Smith, S., Cornils, J. S., Aydinonat, D., Bieber, C. & Ruf, T. (2016). Telomeres are elongated in older individuals in a hibernating rodent, the edible dormouse (Glis glis). *Scientific reports, 6(1),* 1-9.

9 Randler, C. & Kalb, N. (2021). Circadian activity of the fat dormouse Glis glis measured with camera traps at bait stations. *Mammal Research, 66(4),* 657-661.

10 Lu, X., Costeur, L., Hugueney, M. & Maridet, O. (2021). New data on early Oligocene dormice (Rodentia, Gliridae) from southern Europe: phylogeny and diversification of the family. *Journal of Systematic Palaeontology, 19(3),* 169-189.

11 https://nabu-leverkusen.de/siebenschlaefer/live-webcam-1/.

12 Amori, G., Hutterer, R., Kryštufek, B., Yigit, N., Mitsainas, G., Muñoz, L., Meinig, H. & Juškaitis, R. (2021). Glis glis (amended version of 2016 assessment). The IUCN Red List of Threatened Species.

13 Bertolino, S., Amori, G., Henttonen, H., Zagorodnyuk, I., Zima, J., Juzkaitis, R., … & Krystufek, B. (2008). Eliomys quercinus. The IUCN Red List of Threatened Species. Version 2014.3.

14 Lang, J., Büchner, S., Meinig, H. & Bertolino, S. (2022). Do We Look for the Right Ones? An Overview of Research Priorities and Conservation Status of Dormice (Gliridae) in Central Europe. *Sustainability, 14(15),* 9327.

15 Meinig, H., Boye, P., Dähne, M., Hutterer, R. & Lang, J. (2020). Rote Liste und Gesamtartenliste der Säugetiere (Mammalia) Deutschlands. BfN-Schriftenvertrieb im Landwirtschaftsverlag.

16 Bertolino, S. (2017). Distribution and status of the declining garden dormouse Eliomys quercinus. *Mammal Review, 47(2),* 133-147.

17 https://www.deutschewildtierstiftung.de/naturschutz/tier-des-jahres.

18 https://www.schmeckprojekt.de/.

19 https://www.jewish-places.de/.

20 https://fgho.eu/de/projekte/hanse-quellen-lesen.

21 https://bmbf-plastik.de/de/plastikpiraten.

22 Je naturnäher Ihr Garten gestaltet ist, desto eher kann er dem Gartenschläfer ein Heim bieten.

23 Hutterer, R., Kryštufek, B., Yigit, N., Mitsainas, G., Meinig, H. & Juškaitis, R. (2021). Muscardinus avellanarius (amended version of 2016 assessment). The IUCN Red List of Threatened Species.

24 Juškaitis, R. & Büchner, S. (2010). Die Haselmaus Muscardinus avellana-

rius. Die Neue Brehm-Bücherei. Westarp Wissenschaften, Hohenwars-
leben.

25 Mouton, A., Mortelliti, A., Grill, A., Sara, M., Kryštufek, B., Juškaitis, R.,
… & Michaux, J. R. (2017). Evolutionary history and species delimita-
tions: a case study of the hazel dormouse, Muscardinus avellanarius.
Conservation genetics, 18(1), 181-196.

26 Kryštufek, B. (2010). Glis glis (Rodentia: Gliridae). *Mammalian species,
42(865)*, 195-206.

Warum Tiere nachtaktiv
sind und was die Dinosaurier
damit zu tun haben

1 Burgin, C. J., Colella, J. P., Kahn, P. L. & Upham, N. S. (2018). How many
species of mammals are there? *Journal of Mammalogy, 99(1)*, 1–14.

2 Roth, G. & Dicke, U. (2005). Evolution of the brain and intelligence.
Trends in cognitive sciences, 9(5), 250–257.

3 https://loewenstadt.braunschweig.de/ein-literarisches-terzett/.

4 Close, R. A., Friedman, M., Lloyd, G. T. & Benson, R. B. (2015). Evidence
for a mid-Jurassic adaptive radiation in mammals. *Current Biology*,
25(16), 2137–2142.

5 Hoffman, E. A. & Rowe, T. B. (2018). Jurassic stem-mammal perinates
and the origin of mammalian reproduction and growth. *Nature*,
561(7721), 104–108.

6 Ji, Q., Luo, Z. X., Yuan, C. X. & Tabrum, A. R. (2006). A swimming
mammaliaform from the Middle Jurassic and ecomorphological diversification of early mammals. *Science, 311(5764)*, 1123–1127.

7 Hu, Y., Meng, J., Wang, Y. & Li, C. (2005). Large Mesozoic mammals fed
on young dinosaurs. *Nature, 433(7022)*, 149–152.

8 Luo, Z. X. (2007). Transformation and diversification in early mammal
evolution. *Nature, 450(7172)*, 1011–1019.

9 Brusatte, S. L., Benton, M. J., Ruta, M. & Lloyd, G. T. (2008). Superiority,
competition, and opportunism in the evolutionary radiation of dinosaurs. *Science, 321(5895)*, 1485–1488.

10 Brusatte, S. L., Benton, M. J., Ruta, M. & Lloyd, G. T. (2008). The first 50
Myr of dinosaur evolution: macroevolutionary pattern and morphological disparity. *Biology letters, 4(6)*, 733–736.

11 Lee, M. S. & Beck, R. M. (2015). Mammalian evolution: a Jurassic spark.
Current Biology, 25(17), R759-R761.

12 Walls, G. L. (1942). The vertebrate eye and its adaptive radiation. Bloomfield Hills, MI: Cranbrook Institute of Science.

13 Gerkema, M. P., Davies, W. I., Foster, R. G., Menaker, M. & Hut, R. A. (2013). The nocturnal bottleneck and the evolution of activity patterns in mammals. *Proceedings of the Royal Society B: Biological Sciences, 280(1765)*.

14 Hunt, D. M., Carvalho, L. S., Cowing, J. A. & Davies, W. L. (2009). Evolution and spectral tuning of visual pigments in birds and mammals. *Philosophical Transactions of the Royal Society B: Biological Sciences, 364(1531)*, 2941–2955.

15 Maor, R., Dayan, T., Ferguson-Gow, H. & Jones, K. E. (2017). Temporal niche expansion in mammals from a nocturnal ancestor after dinosaur extinction. *Nature ecology & evolution, 1(12)*, 1889–1895.

16 Hayward, M. W. & Slotow, R. (2009). Temporal partitioning of activity in large African carnivores: tests of multiple hypotheses. *South African Journal of Wildlife Research-24-month delayed open access, 39(2)*, 109–125.

17 Monterroso, P., Alves, P. C. & Ferreras, P. (2013). Catch me if you can: diel activity patterns of mammalian prey and predators. *Ethology, 119(12)*, 1044–1056.

18 Lima, S. L. & Bednekoff, P. A. (1999). Temporal variation in danger drives antipredator behavior: the predation risk allocation hypothesis. *The American Naturalist, 153(6)*, 649–659.

19 https://upload.wikimedia.org/wikipedia/commons/thumb/9/9f/NASA-FanningIsland.jpg/1280px-NASA-FanningIsland.jpg.

20 McCauley, D. J., Hoffmann, E., Young, H. S. & Micheli, F. (2012). Night shift: expansion of temporal niche use following reductions in predator density. *PloS one, 7(6)*, e38871.

21 Kimmig, S. E. (2021). Von Füchsen und Menschen. Auf den Spuren unserer schlauen Nachbarn – als Wildbiologin unterwegs in der Großstadt, Malik, München.

22 Kimmig, S. (2021). The ecology of red foxes (Vulpes vulpes) in urban environments (Doctoral dissertation).

23 Gaynor, K. M., Hojnowski, C. E., Carter, N. H. & Brashares, J. S. (2018). The influence of human disturbance on wildlife nocturnality. *Science, 360(6394)*, 1232–1235.

24 Ihwagi, F. W., Thouless, C., Wang, T., Skidmore, A. K., Omondi, P. & Douglas-Hamilton, I. (2018). Night-day speed ratio of elephants as indicator of poaching levels. *Ecological indicators, 84*, 38–44.

25 Laundré, J. W., Hernández, L. & Ripple, W. J. (2010). The landscape of

fear: ecological implications of being afraid. *The Open Ecology Journal,*
3(1).

26 Kimmig, S. (2021). The ecology of red foxes (Vulpes vulpes) in urban
environments (Doctoral dissertation).

27 Kimmig, S. E., Beninde, J., Brandt, M., Schleimer, A., Kramer-Schadt, S.,
Hofer, H., … & Frantz, A. C. (2020). Beyond the landscape: Resistance
modelling infers physical and behavioural gene flow barriers to a mobile
carnivore across a metropolitan area. *Molecular Ecology, 29(3)*, 466–484.

28 Bar-On, Y. M., Phillips, R. & Milo, R. (2018). The biomass distribution
on Earth. *Proceedings of the National Academy of Sciences, 115(25)*,
6506–6511.

29 Kronfeld-Schor, N. & Dayan, T. (2003). Partitioning of time as an ecological resource. *Annual review of ecology, evolution, and systematics, 34(1)*,
153–181.

30 Bennie, J. J., Duffy, J. P., Inger, R. & Gaston, K. J. (2014). Biogeography of
time partitioning in mammals. *Proceedings of the National Academy of
Sciences, 111(38)*, 13727–13732.

Bewohner der Nacht – EULEN

1 Rasmussen, P. C. & Collar, N. J. (1999). Major specimen fraud in the
Forest Owlet Heteroglaux (Athene auct.) blewitti. *The Ibis.* Bd. 141, Nr. 1,
11–21.

2 Knox, A. G. (1993). Richard Meinertzhagen – a case of fraud examined.
The Ibis. Bd. 135, Nr. 3, 320–325, hier 320.

3 Levey, D. J., Duncan, R. S. & Levins, C. F. (2004). Use of dung as a tool by
burrowing owls. *Nature, 431(7004)*, 39.

4 Penteriani, V. & del Mar Delgado, M. (2008). Owls may use faeces and
prey feathers to signal current reproduction. *PloS one, 3(8)*, e3014.

5 De Kok-Mercado, F., Habib, M., Phelps, T., Gregg, L. & Gailloud, P.
(2013). Adaptations of the owl's cervical & cephalic arteries in relation to
extreme neck rotation. *Science, 339(6119)*, 514.

6 https://www.spektrum.de/video/ein-aerodynamischer-trick/1712704.

7 Linkenhoker, B. A., von der Ohe, C. G. & Knudsen, E. I. (2005). Ana-
tomical traces of juvenile learning in the auditory system of adult barn
owls. *Nature neuroscience, 8(1)*, 93–98.

8 Bala, A. D., Spitzer, M. W. & Takahashi, T. T. (2007). Auditory spatial
acuity approximates the resolving power of space-specific neurons.
PLoS One, 2(8), e675.

9 Gutfreund, Y., Zheng, W. & Knudsen, E. I. (2002). Gated visual input to the central auditory system. *Science, 297.*

10 San-Jose, L. M., Séchaud, R., Schalcher, K., Judes, C., Questiaux, A., Oliveira-Xavier, A., … & Roulin, A. (2019). Differential fitness effects of moonlight on plumage colour morphs in barn owls. *Nature ecology & evolution, 3(9),* 1331–1340.

11 Dreiss, A. N. & Roulin, A. (2014). Divorce in the barn owl: securing a compatible or better mate entails the cost of re-pairing with a less ornamented female mate. *Journal of evolutionary biology, 27(6),* 1114–1124.

12 Dreiss, A. N., Gaime, F., Delarbre, A., Moroni, L., Lenarth, M. & Roulin, A. (2016). Vocal communication regulates sibling competition over food stock. *Behavioral Ecology and Sociobiology, 70(6),* 927–937.

13 https://www.barnowl-research.ch/de/owls-peace.

14 Roulin, A., Rashid, M. A., Spiegel, B., Charter, M., Dreiss, A. N. & Leshem, Y. (2017). ›Nature knows no boundaries‹: the role of nature conservation in peacebuilding. *Trends in ecology & evolution, 32(5),* 305–310.

15 Thiede, W. (2008). *Greifvögel und Eulen – Alle Arten Mitteleuropas erkennen und bestimmen.* BLV Buchverlag, München, 6.

Nur wo Licht ist, gibt es Schatten

1 Wiltschko, R. (2012). Magnetic orientation in animals (Bd. 33). Springer Science & Business Media.

2 Helm, B. (2006). Zugunruhe of migratory and non-migratory birds in a circannual context. *Journal of Avian Biology, 37(6),* 533–540.

3 Emlen, S. T. (1967). Migratory orientation in the indigo bunting, passerina cyanea: part i: evidence for use of celestial cues. *The Auk, 84(3),* 309–342.

4 Wagner, H. O. & Sauer, F. (1957). Die Sternenorientierung nächtlich ziehender Grasmücken (Sylvia atricapilla, borin und curruca) 1. *Zeitschrift für Tierpsychologie, 14(1),* 29–70.

5 Sauer, E. F. & Sauer, E. M. (1960, January). Star Navigation of Nocturnal Migrating Birds. The 1958 Planetarium Experiments. *Cold Spring Harbor Symposia on Quantitative Biology* (Bd. 25). Cold Spring Harbor Laboratory Press, 463–473.

6 Able, K. P. & Able, M. A. (1990). Calibration of the magnetic compass of a migratory bird by celestial rotation. *Nature, 347(6291),* 378–380.

7 Wiltschko, W. & Wiltschko, R. (1976). Interrelation of magnetic compass and star orientation in night-migrating birds. *Journal of comparative physiology, 109(1)*, 91–99.

8 Mouritsen, H. & Larsen, O. N. (2001). Migrating songbirds tested in computer-controlled Emlen funnels use stellar cues for a time-independent compass. *Journal of Experimental Biology, 204(22)*, 3855–3865.

9 Michalik, A., Alert, B., Engels, S., Lefeldt, N. & Mouritsen, H. (2014). Star compass learning: how long does it take? *Journal of Ornithology, 155(1)*, 225–234.

10 Mauck, B., Gläser, N., Schlosser, W. & Dehnhardt, G. (2008). Harbour seals (Phoca vitulina) can steer by the stars. *Animal cognition, 11(4)*, 715–718.

11 Sotthibandhu, S. & Baker, R. R. (1979). Celestial orientation by the large yellow underwing moth, Noctua pronuba L. *Animal Behaviour*, *27*, 786–800.

12 Sinsch, U. (2006). Orientation and navigation in Amphibia. *Marine and Freshwater Behaviour and Physiology*, *39(1)*, 65–71.

13 Zantke, J., Oberlerchner, H. & Tessmar-Raible, K. (2014). Circadian and circalunar clock interactions and the impact of light in Platynereis dumerilii. In *Annual, Lunar, and Tidal Clocks*. Springer, Tokyo, 143–162.

14 Theuerkauf, J., Jedrzejewski, W., Schmidt, K., Okarma, H., Ruczynski, I., Sniezko, S. & Gula, R. (2003). Daily patterns and duration of wolf activity in the Bialowieza Forest, Poland. *Journal of Mammalogy, 84(1)*, 243–253.

15 Cozzi, G., Broekhuis, F., McNutt, J. W., Turnbull, L. A., Macdonald, D. W. & Schmid, B. (2012). Fear of the dark or dinner by moonlight? Reduced temporal partitioning among Africa's large carnivores. *Ecology*, *93(12)*, 2590–2599.

16 Dacke, M., Baird, E., Byrne, M., Scholtz, C. H. & Warrant, E. J. (2013). Dung beetles use the Milky Way for orientation. *Current biology, 23(4)*, 298–300.

17 Hedenström, A., Sparks, R. A., Norevik, G., Woolley, C., Levandoski, G. J. & Åkesson, S. (2022). Moonlight drives nocturnal vertical flight dynamics in black swifts. *Current Biology, 32(8)*, 1875–1881.

18 Storms, M., Jakhar, A., Mitesser, O., Jechow, A., Hölker, F., Degen, T., … & Degen, J. (2022). The rising moon promotes mate finding in moths. *Communications biology, 5(1)*, 1–6.

19 Nowinszky, L., Petranyi, G. & Puskas, J. (2010). The relationship between lunar phases and the emergence of the adult brood of insects. *Applied ecology and environmental research, 8(1)*, 51–62.

20 Danthanarayana, W. (1986). Lunar periodicity of insect flight and migration. *Insect flight*. Springer, Berlin, Heidelberg, 88–119.

21 Andersson, S., Kautsky, L. & Kalvas, A. (1994). Circadian and lunar gamete release in Fucus vesiculosus in the atidal Baltic Sea. *Marine Ecology Progress Series*, 195–201.

22 Jokiel, P. L., Ito, R. Y. & Liu, P. M. (1985). Night irradiance and synchronization of lunar release of planula larvae in the reef coral Pocillopora damicornis. *Marine Biology, 88(2)*, 167–174.

23 Kaiser, T. S. & Neumann, J. (2021). Circalunar clocks – Old experiments for a new era. *Bioessays, 43(8)*, 2100074.

24 https://www.hurtigruten.de/inspiration/erlebnisse/nordlicht/Mythen-und-Legenden/.

25 Brekke, A. & Egeland, A. (1983). The Northern Light in Folklore and Mythology. *The Northern Light*. Springer, Berlin, Heidelberg, 1–9.

26 Shepherd, G. G. & Cho, Y. M. (2017). WINDII airglow observations of wave superposition and the possible association with historical »bright nights«. *Geophysical Research Letters, 44(13)*, 7036–7043.

27 Lloyd, J. E. (1965). Aggressive mimicry in Photuris: firefly femmes fatales. *Science, 149(3684)*, 653–654.

28 https://schmidtocean.org/scientists-explore-seamounts-in-phoenix-islands-archipelago-gaining-new-insights-into-deep-water-diversity-and-ecology/.

29 Herring, P. J. & Widder, E. A. (2004). Bioluminescence of deep-sea coronate medusae (Cnidaria: Scyphozoa). *Marine Biology, 146(1)*, 39–51.

30 Osborn, K. J., Haddock, S. H., Pleijel, F., Madin, L. P. & Rouse, G. W. (2009). Deep-sea, swimming worms with luminescent »bombs«. *Science, 325(5943)*, 964.

31 Griffin, D. J. G. & Yaldwyn, J. C. (1970). Giant colonies of pelagic tunicates (Pyrosoma spinosum) from SE Australia and New Zealand. *Nature, 226(5244)*, 464.

32 Ellis, R. (1997). Seeungeheuer – Mythen, Fabeln und Fakten. Birkhäuser Verlag, Basel, 199.

33 Jalaal, M., Schramma, N., Dode, A., De Maleprade, H., Raufaste, C. & Goldstein, R. E. (2020). Stress-induced dinoflagellate bioluminescence at the single cell level. *Physical Review Letters, 125(2)*, 028102.

34 Ballermann, B. J., Dardik, A., Eng, E. & Liu, A. (1998). Shear stress and the endothelium. *Kidney International, 54*, S100-S108.

35 Rohr, J., Latz, M. I., Fallon, S., Nauen, J. C. & Hendricks, E. R. I. C. (1998). Experimental approaches towards interpreting dolphin-stimulated bioluminescence. *The Journal of experimental biology, 201(9)*, 1447–1460.

36 Prötzel, D., Heß, M., Schwager, M., Glaw, F. & Scherz, M. D. (2021). Neon-green fluorescence in the desert gecko Pachydactylus rangei caused by iridophores. *Scientific Reports, 11(1)*, 1–10.

Bewohner der Nacht – FLEDERMÄUSE

1 Russo, D., Maglio, G., Rainho, A., Meyer, C. F. J. & Palmeirim, J. M. (2011): Out of the dark: Diurnal activity in the bat Hipposideros ruber on São Tomé island (West Africa). *Mammalian Biology 76*, 701–708.

2 Ancillotto, L., Pafundi, D., Cappa, F., Chaverri, G., Gamba, M., Cervo, R. & Russo, D. (2022). Bats mimic hymenopteran insect sounds to deter predators. *Current Biology, 32(9)*, R408-R409.

3 Power, M. L., Foley, N. M., Jones, G. & Teeling, E. C. (2021). Taking flight: An ecological, evolutionary and genomic perspective on bat telomeres. *Molecular Ecology, 31(23)*, 6053–6068.

4 Alcalde, J. T., Jiménez, M., Brila, I., Vintulis, V., Voigt, C. C. & Pētersons, G. (2021). Transcontinental 2200 km migration of a Nathusius' pipistrelle (Pipistrellus nathusii) across Europe. *Mammalia, 85(2)*, 161–163.

5 Page, R. A. & Ryan, M. J. (2006). Social transmission of novel foraging behavior in bats: frog calls and their referents. *Current Biology, 16(12)*, 1201–1205.

6 Carter, G. G., Farine, D. R., Crisp, R. J., Vrtilek, J. K., Ripperger, S. P. & Page, R. A. (2020). Development of new food-sharing relationships in vampire bats. *Current Biology, 30(7)*, 1275–1279.

7 Wetekam, J., Hechavarría, J., López-Jury, L. & Kössl, M. (2022). Correlates of deviance detection in auditory brainstem responses of bats. *European Journal of Neuroscience, 55(6)*, 1601–1613.

8 Fernandez, A. A., Burchardt, L. S., Nagy, M. & Knörnschild, M. (2021). Babbling in a vocal learning bat resembles human infant babbling. *Science, 373(6557)*, 923–926.

9 Dixon, M. M., Jones, P. L., Ryan, M. J., Carter, G. G. & Page, R. A. (2022). Long-term memory in frog-eating bats. *bioRxiv.*

10 Thaler, L., Arnott, S. R. & Goodale, M. A. (2011). Neural correlates of natural human echolocation in early and late blind echolocation experts. *PLoS one, 6(5)*, e20162.

11 Renier, L. A., Anurova, I., De Volder, A. G., Carlson, S., VanMeter, J. & Rauschecker, J. P. (2010). Preserved functional specialization for spatial processing in the middle occipital gyrus of the early blind. *Neuron, 68(1)*, 138–148.

12 Williams-Guillén, K., Perfecto, I. & Vandermeer, J. (2008). Bats limit insects in a neotropical agroforestry system. *Science, 320(5872)*, 70.

13 Kalka, M. B., Smith, A. R. & Kalko, E. K. (2008). Bats limit arthropods and herbivory in a tropical forest. *Science*, *320(5872)*, 71.

14 Kelm, D. H., Wiesner, K. R. & Helversen, O. v. (2008). Effects of artificial roosts for frugivorous bats on seed dispersal in a Neotropical forest pasture mosaic. *Conservation Biology, 22(3)*, 733–741.

15 Gasparini, J., Bize, P., Piault, R., Wakamatsu, K., Blount, J. D., Ducrest, A. L. & Roulin, A. (2009). Strength and cost of an induced immune response are associated with a heritable melanin-based colour trait in female tawny owls. *Journal of Animal Ecology*, 608–616.

Der Mensch im Bann der Dunkelheit

1 Berna, F., Goldberg, P., Horwitz, L. K., Brink, J., Holt, S., Bamford, M. & Chazan, M. (2012). Microstratigraphic evidence of in situ fire in the Acheulean strata of Wonderwerk Cave, Northern Cape province, South Africa. *Proceedings of the National Academy of Sciences, 109(20)*, E1215-E1220.

2 Gowlett, J. A. (2006). The early settlement of northern Europe: fire history in the context of climate change and the social brain. *Comptes Rendus Palevol, 5(1–2)*, 299–310.

3 Sandgathe, D. M., Dibble, H. L., Goldberg, P., McPherron, S. P., Turq, A., Niven, L. & Hodgkins, J. (2011). Timing of the appearance of habitual fire use. *Proceedings of the National Academy of Sciences, 108(29)*, E298.

4 Sandgathe, D. M., Dibble, H. L., Goldberg, P., McPherron, S. P., Turq, A., Niven, L. & Hodgkins, J. (2011). On the role of fire in Neandertal adaptations in Western Europe: evidence from Pech de l'Azé IV and Roc de Marsal, France. *PaleoAnthropology*, 216–242.

5 Brown, K. S., Marean, C. W., Herries, A. I., Jacobs, Z., Tribolo, C., Braun, D., … & Bernatchez, J. (2009). Fire as an engineering tool of early modern humans. *Science, 325(5942)*, 859–862.

6 Nordhaus, W. D. (1996). Do real-output and real-wage measures capture reality? The history of lighting suggests not. *The economics of new goods*. University of Chicago Press, 27–70.

7 Ekirch, A. R. (2006). In der Stunde der Nacht. Eine Geschichte der Dunkelheit. Lübbe.

8 Posch, T., Hölker, F., Uhlmann, T. & Freyhoff, A. (Hg.). (2014). Das Ende

der Nacht: Lichtsmog: Gefahren-Perspektiven-Lösungen. John Wiley & Sons.

9 Schapiro, M. (1957). Vincent van Gogh. DuMont, Köln (Neuauflage 1982), 94.

10 Fischer, E. P. (2017). Durch die Nacht – eine Naturgeschichte der Dunkelheit. Pantheon, München.

Bewohner der Nacht – WASCHBÄREN

1 Hohmann, U. & Bartussek, I. (2001). Der Waschbär, Oertel + Spörer, Reutlingen.

2 Fischer, M. L., Hochkirch, A., Heddergott, M., Schulze, C., Anheyer-Behmenburg, H. E., Lang, J., … & Frantz, A. C. (2015). Historical invasion records can be misleading: genetic evidence for multiple introductions of invasive raccoons (Procyon lotor) in Germany. *PloS one, 10(5)*, e0125441.

3 Engelmann, A., Köhnemann, B. & Michler, F. U. (2012). Eine Frage der Saison. Aktuelle Ergebnisse zur Nahrungsökologie des Waschbären (Procyon lotor L., 1758) in der nordostdeutschen Tiefebene.

4 Engelmann, A. (2011). Analyse von Exkrementen gefangener Waschbären (Procyon lotor L., 1758) aus dem Müritz-Nationalpark (Mecklenburg-Vorpommern) unter Berücksichtigung individueller Parameter (Diplomarbeit, Universität Greifswald).

5 Michler, B. A. (2018). Koproskopische Untersuchungen zum Nahrungsspektrum des Waschbären Procyon lotor (L., 1758) im Müritz-Nationalpark (Mecklenburg-Vorpommern) unter spezieller Berücksichtigung des Artenschutzes und des Endoparasitenbefalls.

6 Gosling, L. M. & Baker, S. J. (1989). The eradication of muskrats and coypus from Britain. *Biological Journal of the Linnean Society, 38(1)*, 39–51.

7 Baker, S. J. (2010). Control and eradication of invasive mammals in Great Britain. *Revue scientifique et technique, 29(2)*, 311.

8 Robel, R. J., Barnes, N. A. & Fox, L. B. (1990). Raccoon populations: does human disturbance increase mortality? *Transactions of the Kansas Academy of Science (1903)*, 22–27.

9 Suraci, J. P., Clinchy, M., Dill, L. M., Roberts, D. & Zanette, L. Y. (2016). Fear of large carnivores causes a trophic cascade. *Nature communications, 7(1)*, 1–7.

10 Nell, L. A., Frederick, P. C., Mazzotti, F. J., Vliet, K. A. & Brandt, L. A.

(2016). Presence of breeding birds improves body condition for a croco-dilian nest protector. *PLoS One, 11(3)*, e0149572.

11 Hohmann, U., Voigt, S. & Andreas, U. (2002). Raccoons take the offensive. A current assessment. *Biologische Invasionen. Herausforderung zum Handeln, 1*, 191–192.

12 Rosatte, R. C. (2000). Management of raccoons (Procyon lotor) in Ontario, Canada: do human intervention and disease have significant impact on raccoon populations?

13 Hohmann, U. & Bartussek, I. (2001). Der Waschbär, Oertel + Spörer, Reutlingen.

14 https://www.fnp.de/lokales/wetteraukreis/bad-nauheim-ort78877/waschbaer-laeutet-kirchenglocke-10696705.html.

15 Welker, W. I., Johnson Jr, J. I. & Pubols Jr, B. H. (1964). Some morphological and physiological characteristics of the somatic sensory system in raccoons. *American Zoologist*, 75–94.

16 Pubols Jr, B. H., Welker, W. I. & Johnson Jr, J. I. (1965). Somatic sensory representation of forelimb in dorsal root fibers of raccoon, coatimundi, and cat. *Journal of Neurophysiology, 28(2)*, 312–341.

17 Pohl, B. (1992). Untersuchungen zum Generalisationsvermögen bei Waschbären, Diplomarbeit Universität Hannover.

18 Davis, H. (1984). Discrimination of the number three by a raccoon (Procyon lotor). *Animal Learning & Behavior, 12(4)*, 409–413.

19 https://99percentinvisible.org/episode/raccoon-resistance/.

Der Verlust der Nacht

1 Broschüre *Verlust der Nacht*, Forschungsverbund Verlust der Nacht, 1. Auflage, Dezember 2013.

2 Falchi, F., Cinzano, P., Duriscoe, D., Kyba, C. C., Elvidge, C. D., Baugh, K., … & Furgoni, R. (2016). The new world atlas of artificial night sky brightness. *Science advances, 2(6)*, e1600377.

3 Hölker, F., Wolter, C., Perkin, E. K. & Tockner, K. (2010). Light pollution as a biodiversity threat. *Trends in ecology & evolution, 25(12)*, 681–682.

4 d'Allemagne, H.-R. (1891). Histoire du Luminaire, Alphonse Picard, Paris.

5 Posch, T., Hölker, F., Uhlmann, T. & Freyhoff, A. (Hg.). (2014). Das Ende der Nacht: Lichtsmog: Gefahren-Perspektiven-Lösungen. John Wiley & Sons, Hoboken N. J.

6 Foster, R. & Kreitzman, L. (2017). Circadian rhythms: a very short introduction. Oxford University Press.

7 Tuxbury, S. M. & Salmon, M. (2005). Competitive interactions between artificial lighting and natural cues during seafinding by hatchling marine turtles. *Biological Conservation, 121(2)*, 311–316.

8 Fox, R., Dennis, E. B., Harrower, C. A., Blumgart, D., Bell, J. R., Cook, P., … & Bourn, N. A. D. (2021). The state of Britain's larger moths 2021.

9 Robinson, H. S. & Robinson, P. J. M. (1950). Some notes on the observed behaviour of Lepidoptera in flight in the vicinity of light-sources together with a description of a light-trap designed to take entomological samples. *Entomol. Gaz, 1(1)*, 3–15.

10 Worth, C. B. & Muller, J. (1979). Captures of large moths by an ultraviolet light trap. *Journal of the Lepidopterists' Society, 33(4)*, 261–264.

11 Posch, T., Hölker, F., Uhlmann, T. & Freyhoff, A. (Hg.). (2014). Das Ende der Nacht: Lichtsmog: Gefahren-Perspektiven-Lösungen. John Wiley & Sons, Hoboken N. J.

12 Degen, T., Mitesser, O., Perkin, E. K., Weiß, N. S., Oehlert, M., Mattig, E. & Hölker, F. (2016). Street lighting: sex-independent impacts on moth movement. *Journal of Animal Ecology, 85(5)*, 1352–1360.

13 https://www.scinexx.de/service/dossier_print_all.php?dossierID= 91911.

14 Longcore, T., Rich, C., Mineau, P., MacDonald, B., Bert, D. G., Sullivan, L. M., … & Drake, D. (2012). An estimate of avian mortality at communication towers in the United States and Canada. *PLoS one, 7(4)*, e34025.

15 Aronoff, A. (1949). The September migration tragedy. *Linnaean News-Letter, 3(1)*, 2.

16 Harvie-Brown, J. A. (1880). Report on the Migration of Birds. West, Newman.

17 Gastman, E. A. (1886). Birds killed by electric light towers at Decatur, Ill. *American Naturalist, 20(11)*, 981.

18 Gauthreaux Jr, S. A., Belser, C. G., Rich, C. & Longcore, T. (2006). Effects of artificial night lighting on migrating birds. *Ecological consequences of artificial night lighting*, 67–93.

19 Dominoni, D. M., Helm, B., Lehmann, M., Dowse, H. B. & Partecke, J. (2013). Clocks for the city: circadian differences between forest and city songbirds. *Proceedings of the Royal Society B: Biological Sciences, 280(1763)*, 20130593.

20 Longcore, T. (2010). Sensory ecology: night lights alter reproductive behavior of blue tits. *Current Biology, 20(20)*, R893-R895.

21 Kempenaers, B., Borgström, P., Loës, P., Schlicht, E. & Valcu, M. (2010). Artificial night lighting affects dawn song, extra-pair siring success, and lay date in songbirds. *Current Biology, 20(19)*, 1735–1739.

22 Da Silva, A., Samplonius, J. M., Schlicht, E., Valcu, M. & Kempenaers, B. (2014). Artificial night lighting rather than traffic noise affects the daily timing of dawn and dusk singing in common European songbirds. *Behavioral Ecology, 25(5)*, 1037–1047.

23 Da Silva, A., Valcu, M. & Kempenaers, B. (2015). Light pollution alters the phenology of dawn and dusk singing in common European songbirds. *Philosophical Transactions of the Royal Society B: Biological Sciences, 370(1667)*, 20140126.

24 Schoeman, M. C. (2016). Light pollution at stadiums favors urban exploiter bats. *Animal Conservation, 19(2)*, 120–130.

25 Straka, T. M., Wolf, M., Gras, P., Buchholz, S. & Voigt, C. C. (2019). Tree cover mediates the effect of artificial light on urban bats. *Frontiers in Ecology and Evolution*, 91.

26 Lacoeuilhe, A., Machon, N., Julien, J. F., Le Bocq, A. & Kerbiriou, C. (2014). The influence of low intensities of light pollution on bat communities in a semi-natural context. *PloS one, 9(10)*, e103042.

27 Rydell, J., Eklöf, J. & Sánchez-Navarro, S. (2017). Age of enlightenment: long-term effects of outdoor aesthetic lights on bats in churches. *Royal Society open science, 4(8)*, 161077.

28 Buchanan, B. W. (2006). Observed and potential effects of artificial night lighting on anuran amphibians. *Ecological consequences of artificial night lighting*, 192–220.

29 Ffrench-Constant, R. H., Somers-Yeates, R., Bennie, J., Economou, T., Hodgson, D., Spalding, A. & McGregor, P. K. (2016). Light pollution is associated with earlier tree budburst across the United Kingdom. *Proceedings of the Royal Society B: Biological Sciences, 283(1833)*, 20160813.

30 Trainor, B. C., Lin, S., Finy*, M. S., Rowland, M. R. & Nelson, R. J. (2007). Photoperiod reverses the effects of estrogens on male aggression via genomic and nongenomic pathways. *Proceedings of the National Academy of Sciences, 104(23)*, 9840–9845.

31 Hölker, F., Moss, T., Griefahn, B., Kloas, W., Voigt, C. C., Henckel, D., … & Tockner, K. (2010). The dark side of light: a transdisciplinary research agenda for light pollution policy. *Ecology and Society, 15(4)*.

32 Schroer, S., Huggins, B., Böttcher, M. & Hölker, F. (2019). Leitfaden zur Neugestaltung und Umrüstung von Außenbeleuchtungsanlagen: Anforderungen an eine nachhaltige Außenbeleuchtung. Deutschland/Bundesamt für Naturschutz.

33 Mizon, B. (2012). Light pollution: responses and remedies. Springer Science & Business Media, Berlin.

34 Posch, T., Hölker, F., Uhlmann, T. & Freyhoff, A. (Hg.). (2014). Das Ende der Nacht: Lichtsmog: Gefahren-Perspektiven-Lösungen. John Wiley & Sons, Hoboken N. J.

35 Curter, M. (2009). »Und es ward Licht «. *Neues Deutschland, 28(1.3)*.

36 Raap, T., Pinxten, R. & Eens, M. (2015). Light pollution disrupts sleep in free-living animals. *Scientific reports, 5(1)*, 1–8.

37 Ohayon, M. & Milesi, C. (2016). Sleep deprivation/insomnia and exposure to street lights in the American general population. *Neurology 86(16)*, S13–004.

38 Garcia-Saenz, A., de Miguel, A. S., Espinosa, A., Costas, L., Aragonés, N., Tonne, C., … & Kogevinas, M. (2020). Association between outdoor light-at-night exposure and colorectal cancer in Spain. *Epidemiology, 31(5)*, 718–727.

39 Blask, D. E., Dauchy, R. T., Dauchy, E. M., Mao, L., Hill, S. M., Greene, M. W., … & Davidson, L. (2014). Light exposure at night disrupts host/cancer circadian regulatory dynamics: impact on the Warburg effect, lipid signaling and tumor growth prevention. *PLoS One, 9(8)*, e102776.

40 Dauchy, R. T., Xiang, S., Mao, L., Brimer, S., Wren, M. A., Yuan, L., … & Hill, S. M. (2014). Circadian and melatonin disruption by exposure to light at night drives intrinsic resistance to tamoxifen therapy in breast cancer. *Cancer research, 74(15)*, 4099–4110.

41 Schroer, S., Huggins, B., Böttcher, M. & Hölker, F. (2019). Leitfaden zur Neugestaltung und Umrüstung von Außenbeleuchtungsanlagen: Anforderungen an eine nachhaltige Außenbeleuchtung. Deutschland/Bundesamt für Naturschutz.

42 https://www.spektrum.de/kolumne/zehntausend-verlorene-sterne/1753160.

43 Fischer, E. P. (2017). Durch die Nacht – eine Naturgeschichte der Dunkelheit. Pantheon, München.

44 Ebd.

45 Kounios, J., Frymiare, J. L., Bowden, E. M., Fleck, J. I., Subramaniam, K., Parrish, T. B. & Jung-Beeman, M. (2006). The prepared mind: Neural activity prior to problem presentation predicts subsequent solution by sudden insight. *Psychological science, 17(10)*, 882–890.

46 Jung-Beeman, M., Bowden, E. M., Haberman, J., Frymiare, J. L., Arambel-Liu, S., Greenblatt, R., … & Dehaene, S. (2004). Neural activity when people solve verbal problems with insight. *PLoS biology, 2(4)*, e97.

47 Fitch, W. T. (2017). Empirical approaches to the study of language evolution. *Psychon. Bull. Rev.* 24, 3–33.

48 Chen, Z. & Wiens, J. J. (2020). The origins of acoustic communication in vertebrates. *Nature communications*, *11(1)*, 1–8.

49 Kronfeld-Schor, N. & Dayan, T. (2003). Partitioning of time as an ecological resource. *Ann. Rev. Ecol. Syst. 34*, 153–181.

50 Arnold, M. D. (2022). Licht aus, sagte der kleine Fuchs, Fischer Sauerländer, Frankfurt a. M.

51 Milagres, M. P., Minim, V. P., Minim, L. A., Simiqueli, A. A., Moraes, L. E. & Martino, H. S. (2014). Night milking adds value to cow's milk. *Journal of the Science of Food and Agriculture*, *94(8)*, 1688–1692.

52 Dela Pena, I. J. I., Hong, E., De La Pena, J. B., Kim, H. J., Botanas, C. J., Hong, Y. S., … & Cheong, J. H. (2015). Milk collected at night induces sedative and anxiolytic-like effects and augments pentobarbital-induced sleeping behavior in mice. *Journal of medicinal food, 18(11)*, 1255–1261.

Bewohner der Nacht – NACHTFALTER

1 Tineidae (Echte Motten) in Mitteleuropa. Lepiforum e. V.: Bestimmungshilfe des Lepiforums für die in Deutschland, Österreich und der Schweiz nachgewiesenen Schmetterlingsarten., abgerufen am 17. Dezember 2007.

2 Tineidae. Fauna Europaea, Version 1.3, 19.04.2007, abgerufen am 17. Dezember 2007.

3 Bellmann, H. (2003). Der neue Kosmos-Schmetterlingsführer. Schmetterlinge, Raupen und Futterpflanzen. Franckh-Kosmos, Stuttgart, 82.

4 Clare, E. L. & Holderied, M. W. (2015). Acoustic shadows help gleaning bats find prey, but may be defeated by prey acoustic camouflage on rough surfaces. *Elife*, *4*, e07404.

5 Zeng, J., Xiang, N., Jiang, L., Jones, G., Zheng, Y., Liu, B. & Zhang, S. (2011). Moth wing scales slightly increase the absorbance of bat echolocation calls. *PLoS One, 6(11)*, e27190.

6 Shen, Z., Neil, T. R., Robert, D., Drinkwater, B. W. & Holderied, M. W. (2018). Biomechanics of a moth scale at ultrasonic frequencies. *Proceedings of the National Academy of Sciences, 115(48)*, 12200–12205.

7 https://www.deutschlandfunk.de/evolutionaere-anpassung-nachtfalter-mit-akustischer-100.html.

8 Li, M., Seinsche, C., Jansson, S., Hernandez, J., Rota, J., Warrant, E. &

Brydegaard, M. (2022). Potential for identification of wild night-flying moths by remote infrared microscopy. *Journal of the Royal Society Interface*, *19(191)*, 20220256.

9 Kawahara, A. Y. & Barber, J. R. (2015). Tempo and mode of antibat ultrasound production and sonar jamming in the diverse hawkmoth radiation. *Proceedings of the National Academy of Sciences, 112(20)*, 6407–6412.

10 Kelley, J. L., Tatarnic, N. J., Schröder-Turk, G. E., Endler, J. A. & Wilts, B. D. (2019). A dynamic optical signal in a nocturnal moth. *Current Biology, 29(17)*, 2919–2925.

11 Roeder, K. D. & Treat, A. E. (1957). Ultrasonic reception by the tympanic organ of noctuid moths. *Journal of Experimental Zoology, 134(1)*, 127–157.

12 Spangler, H. G. (1988). Moth hearing, defense, and communication. *Annual review of entomology, 33(1)*, 59–81.

13 Corcoran, A. J. & Hristov, N. I. (2014). Convergent evolution of anti-bat sounds. *Journal of Comparative Physiology A, 200(9)*, 811–821.

14 Fullard, J. H., Dawson, J. W. & Jacobs, D. S. (2003). Auditory encoding during the last moment of a moth's life. *Journal of Experimental Biology, 206(2)*, 281–294.

15 Windmill, J. F. C., Jackson, J. C., Tuck, E. J. & Robert, D. (2006). Keeping up with bats: dynamic auditory tuning in a moth. *Current Biology, 16(24)*, 2418–2423.

16 Ter Hofstede, H. M., Goerlitz, H. R., Ratcliffe, J. M., Holderied, M. W. & Surlykke, A. (2013). The simple ears of noctuoid moths are tuned to the calls of their sympatric bat community. *Journal of Experimental Biology, 216(21)*, 3954–3962.

17 Spangler, H. G. (1988). Moth hearing, defense, and communication. *Annual review of entomology*, *33(1)*, 59–81.

18 Nakano, R., Ihara, F., Mishiro, K., Toyama, M. & Toda, S. (2014). Double meaning of courtship song in a moth. *Proceedings of the Royal Society B: Biological Sciences*, *281(1789)*, 20140840.

19 Doty, R. L. (2010). The great pheromone myth. JHU Press, Baltimore.

20 Vogt, R. G. & Riddiford, L. M. (1981). Pheromone binding and inactivation by moth antennae. *Nature*, *293(5828)*, 161–163.

21 Van den Berg, M. J. & Ziegelberger, G. (1991). On the function of the pheromone binding protein in the olfactory hairs of Antheraea polyphemus. *Journal of Insect Physiology, 37(1)*, 79–85.

22 Spitzer, D., Cottineau, T., Piazzon, N., Josset, S., Schnell, F., Pronkin, S. N., … & Keller, V. (2012). Ein bioinspirierter nanostrukturierter

Sensor für die Detektion von sehr niedrigen Sprengstoffkonzentrationen. *Angewandte Chemie, 124(22)*, 5428–5432.

23 Adebesin, F., Widhalm, J. R., Boachon, B., Lefèvre, F., Pierman, B., Lynch, J. H., … & Dudareva, N. (2017). Emission of volatile organic compounds from petunia flowers is facilitated by an ABC transporter. *Science, 356(6345)*, 1386–1388.

24 Bittner, N., Hundacker, J., Achotegui-Castells, A., Anderbrant, O. & Hilker, M. (2019). Defense of Scots pine against sawfly eggs (Diprion pini) is primed by exposure to sawfly sex pheromones. *Proceedings of the National Academy of Sciences, 116(49)*, 24668–24675.

25 Berger, S., Hatt, H. & Ockenfels, A. (2017). Exposure to hedione increases reciprocity in humans. *Frontiers in behavioral neuroscience*, 79.

26 Prehn-Kristensen, A., Wiesner, C., Bergmann, T. O., Wolff, S., Jansen, O., Mehdorn, H. M., … & Pause, B. M. (2009). Induction of empathy by the smell of anxiety. *PloS one, 4(6)*, e5987.

27 Martínez-Marcos, A. (2001). Controversies on the human vomeronasal system. *European Journal of Anatomy, 5(1)*, 47–53.

28 Stowers, L. & Marton, T. F. (2005). What is a pheromone? Mammalian pheromones reconsidered. *Neuron, 46(5)*, 699–702.

29 Szczebak, J. T., Henry, R. P., Al-Horani, F. A. & Chadwick, N. E. (2013). Anemonefish oxygenate their anemone hosts at night. *Journal of Experimental Biology, 216(6)*, 970–976.

BILDNACHWEISE

S. 46: AGAMI stock
S. 88: Foto: Marco Papajewski
S. 128: CreativeNature_nl
S. 172: Foto: Marco Papajewski

REGISTER